图书在版编目（CIP）数据

早餐星球 ：好看、好吃又"好瘦"的健康早餐攻略 / ChargeWu著. -- 北京 ：人民邮电出版社，2021.5
ISBN 978-7-115-55971-5

Ⅰ．①早… Ⅱ．①C… Ⅲ．①食谱—中国 Ⅳ.
①TS972.182

中国版本图书馆CIP数据核字(2021)第023846号

内容提要

"七分吃、三分练"，健康的身体离不开健康的饮食。早餐是每天饮食的开始，做好、吃好早餐，会让你一整天都很快乐！

知名美食达人 ChargeWu 从 2014 年开始每天记录不重样的早餐，至今已经 2000 余天了，从未间断，也正由于坚持健康的饮食和生活方式，他成功减重几十斤变身"型男"！

本书共分为 4 大部分。第 1 部分，作者介绍了自己的饮食观念及养成良好饮食习惯的方式；第 2 部分，作者介绍了制作早餐常用的材料和基本工具，以及一些"快手"早餐的制作技巧，新人也能快速上手制作出满意的早餐；第 3 部分，作者精选了 42 份经典的早餐食谱，另附 7 个节日主题早餐展示图；第 4 部分，作者以设计师的视角分享了摆盘的经验，教读者拍出更"吸睛"的美食照片。

本书适合每一位热爱生活、热爱美食的人阅读，希望本书能够带领大家养成健康的饮食习惯，快乐地"吃好"、过好每一天！

著　　　　ChargeWu
责任编辑　宋　倩
责任印制　周昇亮

人民邮电出版社出版发行　　　　北京市丰台区成寿寺路 11 号
邮编　100164　　　　　　　　 电子邮件　315@ptpress.com.cn
网址　https://www.ptpress.com.cn
北京九天鸿程印刷有限责任公司印刷

开本：787×1092　　　　　 1/16
印张：11　　　　　　　　　 2021 年 5 月第 1 版
字数：282 千字　　　　　　 2025 年 1 月北京第 20 次印刷

定价：88.00 元
读者服务热线：(010)81055296
印装质量热线：(010)81055316
反 盗 版 热 线：(010)81055315
广告经营许可证：京东市监广登字 20170147 号

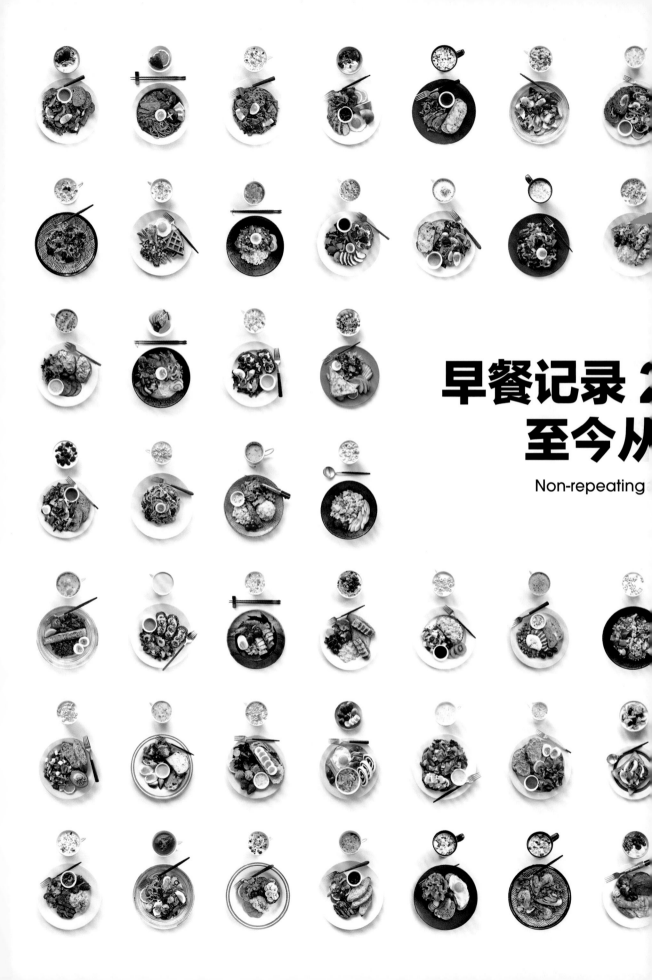

早餐记录 2
至今从

Non-repeating

00 余天,
间断 !!

st in 10000 days

COMPARISO

坚持健康饮食和健身后的变化

我的对比照

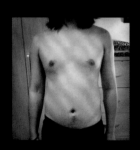   

2013年　　**2014**年　　**2015**年　　**2016**年

我老婆的对比照

2013年　　**2014**年　　**2015**年　　**2016**年

2014-01
3 个月减重 10 公斤

2014 年之前的我，是个胖子。之后我了解到健康饮食的重要性，开始调整自己的饮食习惯。年初利用 3 个月的时间减重 10 公斤。

2014-09
早餐记录开始了！

9 月 6 日，开始记录每天的早餐。在这之前，我已经在家吃早餐有几个月了，只是食材比较简单，主要是为了健康和减脂。

5 月开始进行一些简单的运动，如跳绳、俯卧撑等。由于长时间缺乏运动，我的身体机能很差，跳绳 200 下就累得不行。

10 月，在进行了几个月简单的运动之后，我准备了哑铃、哑铃凳、瑜伽垫等道具，并给自己制订了健身计划。

2014-05
开始进行简单的运动

2014-10
进入健身阶段

2015-01
新的一年，新的身体

经过一年的坚持，我的身材与之前相比，有了比较明显的变化，肌肉线条开始显露，这也给了我继续坚持下去的动力。

2015-10
开始筹备这本书

从 2015 年开始，陆续有一些出版社找我商讨出书的事，能把减脂和做早餐的心得写成书分享给大家，也是我的心愿，所以我决定写这本书。

没想到我可以把早餐记录这件事坚持这么久，这一年我不但收获了健康和好身材，而且做事情更加自信，也认识了很多志趣相投的朋友。

2015-09
早餐记录一周年

在完成了 365 天不重样早餐的记录之后，我把目标定为了1000 天，现在也完成了！那么下一个目标就是 10000 天早餐不重样啦！

2017-06
早餐记录 1000 天

写在前面的一些话

我在上学的时候很瘦，一直认为自己拥有"吃不胖体质"，还很不理解为什么有些人会因为减肥而苦恼，我那时觉得就算自己胖了，也可以轻松地把体重减回去。直到毕业后，我慢慢地变成了一个胖子……

回忆一下，我是怎么胖起来的呢？工作忙、压力大、运动越来越少，再加上结婚后，我和老婆都属于"吃货"——零食、夜宵，想吃就吃，从不忌口；蛋糕、薯片、炸鸡、啤酒、可乐，都是我们的最爱。毫无意外地……我和老婆都胖了起来。

在发胖后我一直尝试用各种方法减肥，因为变胖之后真的很不快乐！每当看到镜子里胖胖的自己，我都在想——这不是我，我不应该是这样的！我试过节食，比如不吃晚饭，当时倒是瘦了几斤，但恢复正常饮食之后很快又胖回去了；我也试过运动，比如有段时间我会坚持晨跑，每次跑完步我会很有成就感，所以就会在早点摊买两根油条犒劳自己，就这样大概坚持了一两个月，毫不夸张地说，我一斤都没瘦；我甚至还吃过减肥药，但吃完之后就会心慌、恶心，吃了两次就不敢再吃了。

后来因为一个偶然的机会，我看了 BBC（British Broadcasting Corporation，英国广播公司）关于减肥的一个短片，了解到健康饮食的重要性，发现我们常听到的"七分吃，三分练"一点都不夸张，所以我和老婆就决定从饮食开始调整。在最初的 3 个月里，我们几乎都没做什么运动，可我却实现减重 20 斤，老婆实现减重 40 斤！这种明显的变化给了我们很大的动力，我便继续深入研究健康饮食方面的知识，并且开始增加运动，给自己制订有规律的训练计划，逐渐走上了健康之路。

健康饮食中很重要的一点就是要吃好早餐。我以前都是有时间就在外面买一点早餐，没时间就不吃了，而外面的早餐大多热量较高，所以我决定在家里吃早餐。最初几个月我只是买一些吐司和牛奶，再煮一个鸡蛋，用 10 分钟左右的时间就够了。不过，可能因为我是学设计的，从小就对"美"比较在意，而且又是一枚"吃货"，所以我对早餐的要求越来越高——我希望它可以兼顾健康、美味和美观。于是，曾经很少下厨的我，开始研究起了烹饪与摆盘。

2014 年 9 月 6 日，我开始了坚持用照片记录每日早餐的计划，并且至今从未间断。至于为何我会把"早餐"与"坚持记录"关联，这还要从我之前看到的一段视频说起——视频中有一位国外小哥每天拍一张自拍照片，一直拍了 6 年。然后他把这些照片合成为一段快放的视频，可以在几分钟之内看完他 6 年的面部变化。这段视频给了我极大的震撼，自拍是每个人都会做的事，但他却可以把一件普通的事做得如此疯狂，可能整个地球上也不曾有人这么做过，这绝对是一笔无法用金钱衡量的财富，简直太酷了！我想既然每天都要吃好早餐，也许我也可以尝试坚持记录自己的早餐。

坚持健康饮食和记录早餐，带给了我很多意想不到的收获。我获得了上百万人的关注和更多的合作机会，甚至因此改变了自己的职业方向，当然，也包括出版这本书。作为一名设计师，设计自己的书一直是我的梦想，但万万没想到，第一本竟然是与食物有关的书。值得庆幸的是，无论是设计书还是美食，现在都已经成为让我非常着迷的兴趣了。

CONTENTS 目录

04 摆盘

后记

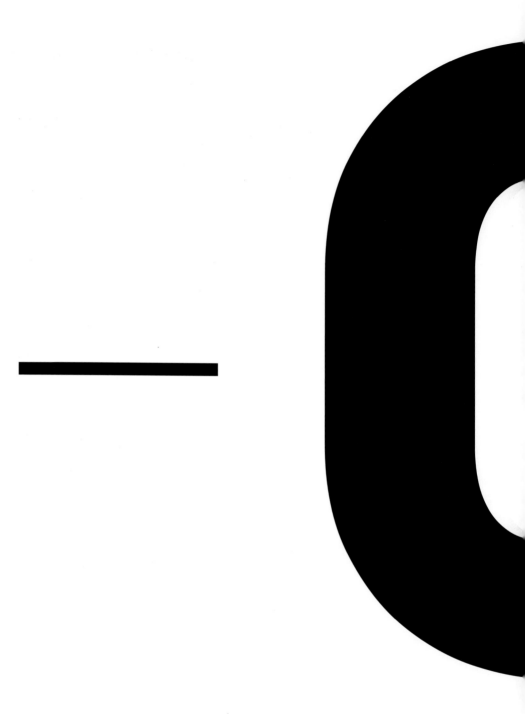

01

Healthy
Diet
健康饮食

ABOUT FOOD
我的饮食观

活着就是为了快乐

01 快乐 Joy

在我看来，人活着就是为了快乐，我做的所有事都是为了快乐，我做早餐也是希望每天一早就觉得快乐。我总结过做早餐的重要性：它就是快乐，快乐大于健康，大于美味，大于美观。不管做什么，快乐是最重要的，哪怕你拥有健康，再健康，不快乐，也没有意义。

健康的身体使我强大

02 健康 Healthy

自从开始健康饮食，我的身体变好了，肚腩也变成了腹肌，连精神力、责任心、意志力和抗压能力都变强了。健康是一件可以影响身心的事，长期保持健康的饮食习惯，从外在的身材，到内在的心情，都会让自己变得轻松、愉悦。

美味必不可少

我平时也是一个"吃货"，口味很挑剔，就算为了减脂增肌，我也不会吃口味寡淡的水煮鸡胸肉、水煮蔬菜类增肌餐。我不想只是吃得健康，健康的同时还要美味。在我看来，好吃很重要，只有吃得美味，我才快乐，而快乐才是我做这一切的终极目的。

美观是我一生的追求

健康又美味的食物，如果还能做得好看，会让人心情舒畅，吃得也更开心。我把美观的重要性排在最后，不是说它不重要，相反，把食物做得美观一直是我的追求，也是我做早餐的一大乐趣。我只是希望在做到前面几点的基础上，再追求美观，这样会开心得更高级一些。

HEALTHY EATING HABITS

健康的饮食习惯

"七分吃，三分练"，这个看似不太靠谱的说法，在我身上得到了印证。养成健康的饮食习惯，配合适量运动，相对轻松地减脂，这就是我一直在做的。

以前，我对健康饮食没概念，吃得无所顾忌，变胖后心情也跟着变差。自从我开始注意健康饮食一段时间后，再吃一些如比萨、炸鸡、奶油等不太健康的食物，就会真的感到恶心，甚至想吐。而对于一些之前难以下咽的健康食物，现在却觉得非常好吃。养成健康的饮食习惯后，你会不知不觉爱上更健康、更利于减脂的食物，不用拼命克制自己的食欲，你的身体会帮你选择更好的吃法。

我不是只花了几天时间，就从不管不顾地乱吃，变成偏爱健康饮食的。想吃得健康，需要一个自我调整的过程，也许这个过程需要花一些时间和精力，不过一旦养成了习惯，吃得健康、精致了，每天不用强迫自己饿肚子，体重也能慢慢减下来。身体变好了，你会从心里认同这种健康的饮食习惯和生活态度，也会获得加倍的快乐。

很多人认为减肥就是要少吃饭，不吃晚餐甚至午餐。这样不但对身体健康不利，还很容易引起反弹。还有人认为要减肥，靠运动就可以了。运动的确可以减肥，但它能消耗的热量并没有大多数人想象的那么多，而且会花费更多的时间和精力，所以运动效果会在后期体现得更明显。更重要的是，忍饥挨饿和拼命运动这两件事，做起来真的没那么开心。

我希望减脂是一件"少经历风雨，多见彩虹"的事，不用那么痛苦，人人都想快乐地变瘦，那就找一个适合自己的方式。在我看来，吃得不健康，是减脂最大的障碍；而保持健康的饮食习惯，就可以变瘦，而且是每天开开心心地变瘦，因为我就是这么过来的——不知不觉，竟然就瘦了。

接下来这几点，是我一路"吃"出来的经验，也许可以帮你更轻松、快乐地养成健康的饮食习惯。

我在减肥前后饮食习惯的调整

不吃，反而会胖？

假设有个人不吃晚餐，那么，他从第一天午餐到第二天早餐之间至少要等十几个小时，这么长时间没有摄入能量，身体会自动放慢新陈代谢，进入"饥饿模式"。在这种模式下脂肪不但不会被快速地消耗，还会更顽固地储备在体内。而且饥饿时身体会消耗肌肉来提供能量，肌肉少了，新陈代谢也会变慢，从而进一步阻碍能量的消耗，留下更多的脂肪，这也是为什么很多人吃得不多，却还是会胖的重要原因之一。

所以大家一定要三餐都吃，并保证各种营养素的合理搭配，逐渐减少热量的摄入，使身体时刻都不处于饥饿的状态中。

多餐，才是真"节食"

每日五到六餐，即在三餐的基础上，上午和下午各加一餐，甚至晚上运动完再补充一些蛋白质。这样可以提高我们的基础代谢和饱腹感，避免正餐时吃得过量，或是两餐之间相隔时间较长而进入"饥饿模式"。

当然加餐不是真的再吃一顿正餐，而是在保证每日摄入总量不超标的前提下，把正餐的量分配到加餐中。

 **早餐和化妆一样重要**

由于早餐距前一天的晚餐时间会很长，不吃早餐，身体会进入前面提到的"饥饿模式"，这样便更容易发胖，也很有可能因此吃更多的午餐或零食。早晨是一天的开始，如果没有足够的能量和营养供应，会引起人反应迟钝、注意力不集中等情况，影响上午的工作和学习。

除了身体健康方面的影响，吃一份营养、精致的早餐，还会给我们带来一天的好心情。减脂期间，早餐是我一天中最重要的一餐，甚至是吃得最多的一餐。

少油、少盐、少糖

饮食尽量保持清淡。调味品会使我们的食物更加美味，但切记不要多吃。过多的油脂会囤积在体内，造成肥胖，无论是荤菜还是素菜，无论是动物油还是植物油，都不要多吃，我会把油脂的摄入量控制在每天 20g 以内。食盐的每日摄入量建议控制在 6g 以内，但我国大部分地区的饮食习惯都会远远超出这个范围，过多地摄入食盐不但会引起高血压、高血脂等疾病，还会影响减脂。吃甜食总是会让人心情愉悦，但它的热量也总是惊人的，我们要尽量少吃含有精制糖的食物，如蛋糕、冰激凌、含糖饮料等，我会将精制糖的摄入控制在每天 20g 以内。

 **适量减少主食**

在减脂期间，我们需要减少碳水化合物的摄入，也就是少吃主食，这是我认为非常重要的一点。强调这一点，主要是我国的饮食习惯普遍是以大量主食为主。经常听到有人说：无论吃多少菜和肉，不来一碗米饭就不觉得饱。这可能是因为特殊时期的经济条件所致，但这的确不是一个健康的习惯。过量的主食会产生过量的糖分，这不但会让我们摄入的能量超标，还会因为产生饱腹感，影响蛋白质和脂肪的合理摄入。

当然少吃不等于不吃，我们应该尽量选择燕麦、糙米、紫薯等粗粮来作为主食。

蛋白质是一个"超人"

多吃蛋白质有助于肌肉增长，提高新陈代谢的速率，让我们更高效地燃脂。相比碳水化合物和脂肪，身体在消化蛋白质的时候，会消耗更多的热量，而且蛋白质会比碳水化合物更能使人产生饱腹感。但可能是因为富含蛋白质的食物价格都相对较高，在我国的饮食习惯中，它往往是一个配角，其实还是有很多性价比很高的蛋白质食物的，如鸡胸肉、鸡蛋、牛奶等。

推荐每斤体重每天至少保证摄入 0.5g 蛋白质。

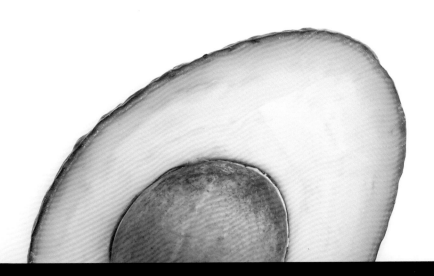

07 吃脂肪也能瘦？

在减脂过程中，难免会陷入一些误区或产生极端行为，我在最早的时候就会尽可能地拒绝所有脂肪的摄入，后来才慢慢了解到：优质脂肪不但可以吃，而且还会有助于减脂。无论是减脂还是增肌，优质脂肪都是必不可少的，深海鱼类、牛油果、坚果、橄榄油、椰子油、低糖花生酱，甚至是少量的黄油，都是很好的选择。

推荐每斤体重每天摄入 0.4g 左右的优质脂肪。

NUTRIENTS
营养素

碳水化合物、蛋白质、脂肪、膳食纤维、维生素、矿物质、水，是人体必需的七大营养素，在开始健康饮食之前我们有必要先了解它们。

碳水化合物

碳水化合物是为身体提供能量的主要营养素之一，包括淀粉和蔗糖等。从在健康饮食的角度出发，我们一般会把碳水化合物分为简单碳水化合物和复合碳水化合物两种。

简单碳水化合物可以快速被人体消化吸收，用于补充能量，但也容易转化成脂肪，主要分布在糖、蜂蜜、甜饮料、米、精致面粉和许多精加工食品中。复合碳水化合物需要较多的能量来消化，被吸收的时间比较长，转化为脂肪的概率较小，主要分布在燕麦、糙米、玉米、紫薯等食物中。以复合碳水化合物为主、简单碳水化合物为辅的搭配方式，是比较被大家推崇的。

蛋白质

蛋白质是生命（包括骨骼、肌肉、皮肤、血液）的物质基础，也是提供能量的主要营养素之一。蛋白质有助于肌肉增长，而且比碳水化合物更能使人产生饱腹感，是减脂增肌时的重点摄入对象。蛋白质可以分为优质蛋白质和非优质蛋白质两种。

优质蛋白质的特点是含必需氨基酸的种类齐全，数量充足，比例合适，主要分布于乳类、蛋类、瘦肉和大豆中。

非优质蛋白质主要存在于一些植物性的食物中，如米、面、水果、蔬菜等。

优质蛋白质更容易被人体消化吸收，是非常好的蛋白质来源。

脂肪

脂肪是储存和供给能量的主要营养素。大家可能都知道，摄入过多脂肪会使其堆积于体内，不仅会增加体重，还会引起其他疾病，但适量摄入优质脂肪是必不可少的。脂肪酸分为饱和脂肪酸与不饱和脂肪酸。

饱和脂肪酸较稳定，容易累积为脂肪，分布在家畜类动物油、黄油、饼干、蛋糕等食物中。不饱和脂肪酸对人体有很多好处，它能阻止脂肪沉积、帮助减脂，主要分布在各种植物油、深海鱼、虾、贝类、坚果、牛油果等食物中。

不饱和脂肪酸就是我们所说的优质脂肪，适量摄入这类脂肪对人体有益，同时要少摄入饱和脂肪酸。

膳食纤维

膳食纤维本身是一种多糖，既不能被消化吸收，也不能产生能量，看似无用，但后来人们逐渐发现它对人体健康的重要性，并将它与碳水化合物、蛋白质、脂肪等并列归为七大营养素。在同等条件下吃膳食纤维含量更高的食物，可以摄入更少的能量，膳食纤维可以使肠道内营养消化吸收的量下降，最终消耗体内脂肪而起到减肥的作用。膳食纤维还可以润肠通便，将多余的糖分和脂肪随体内垃圾一同排出体外。富含膳食纤维的食物包括芹菜、笋类、紫薯、魔芋、西蓝花、青豆、麦麸、燕麦、猕猴桃、无花果等。

维生素、矿物质、水

维生素、矿物质、水这三种营养素与膳食纤维一样，都不会产生能量，但都有着非常重要的作用。

维生素和矿物质分布在各种谷物、豆类、蔬菜、水果、肉、蛋、奶等食物中，只要均衡饮食即可获得。水约占成年人体重的60% ~ 70%，由此可见它的重要程度，多喝水不但可以保证身体健康，还能帮助减脂。

FAT CUTTING & MUSCLE GAINING DIET PLAN

减脂增肌食物推荐

所谓减脂增肌食物，也就是前面提到的一些富含优质碳水化合物、
优质蛋白质和优质脂肪等营养素的食物。
选择这些食物能让我们的减脂和增肌计划事半功倍。

我们可以在日常生活中多了解这些食物，这样就算平时不是每顿饭都计算热量，
也能更放心地享用，更轻松地减脂。

优质蛋白质

牛肉
Beef

三文鱼
Salmon

虾
Shrimp

鸡胸肉
Chicken Breast

鸡蛋
Egg

牛奶
Milk

优质碳水化合物

燕麦
Oats

糙米
Brown Rice

藜麦
Quinoa

优质蔬菜

芦笋
Asparagus

西红柿
Tomato

西蓝花
Broccoli

优质水果

柑橘类
Citrus

莓类
Berries

奇异果
Kiwi Fruit

优质脂肪

牛油果
Avocado

原味坚果
Unsalted Nuts

橄榄油
Olive Oil

NUTRITION FACTS

读懂营养成分表，更懂吃，更易瘦

无论你是否在减肥，读懂食品包装上的营养成分表，都是一项很有必要的生活技能。我们可以通过查看营养成分表，来选择更加健康、营养的食品，如大家关心的麦片、面包、火腿、酱汁等。会看营养成分表，买零食也能派上用场，起码可以买到相对健康的零食，不再糊里糊涂吃到胖。

发早餐图之前，我就在研究营养成分表。那时，我略懂一些健康饮食对减脂的重要性。后来，我看了一部 BBC 讲健康饮食的纪录片，了解了蛋白质等营养素……而这一切都在告诉我：只有读懂营养成分表，才能吃得健康，才能减重！于是我每次去超市，都会看食品包装上曾被我完全忽视的营养成分表，有时还会拍下来，带回家反复比较、研究。不懂的，就去网上搜资料。

我就这样研究了几个月，对营养成分表有了一些心得体会。同时我也发现，网上几乎没有一目了然的资料，可以教大家轻松看懂它，所有知识都很琐碎，要特别费心、花时间去研究，还不一定能看懂。既然没有，我就自己做了一些简单、易读的总结，希望可以帮助大家轻松读懂食品包装上的营养成分表。

简单的查看方法

方法 1：看蛋白质和脂肪的含量，蛋白质比脂肪高得越多越好。

方法 2：看能量和蛋白质的 NRV 百分比，蛋白质要高于能量，且高得越多越好。

我的经验

1. 在购买一般常见食物时，能量大于 2000kJ 的我基本都不会选择。

2. 购买火腿等加工肉制品时，我会选择脂肪低于 5g 的，而对于乳制品这类食品，我只要求脂肪低于蛋白质即可。

3. 选择面包或麦片等主食时，碳水化合物在 50g 左右是正常的；但在买饮料时，碳水化合物绝对不能超过 5g。

4. 如果某种食品的钠含量超过 1500mg，那说明它已经很咸了，我是绝对不会买的（调味品除外）。

5. 购买高能量食物时，我会特别注意这些数值是按"每 100 克"还是按其他分量来计算的。

项目	每100克 ❻	NRV% ❼
❶ 能量	1041kJ	12%
❷ 蛋白质	10.3g	17%
❸ 脂肪	4.1g	7%
❹ 碳水化合物	41.9g	14%
❺ 钠	398mg	20%

❶ 能量

能量是蛋白质、脂肪、碳水化合物的总和，也是大家平时最关注的，摄入能量过多就可能会导致肥胖，但营养成分表中的能量高，并不代表食物就一定不健康，所以不能只看这一项。我国营养成分表中能量的单位是千焦（kJ），生活中也常用到千卡（kcal）这一单位，二者的换算关系是：1 千卡 (kcal) ≈ 4.186 千焦 (kJ)。

❷ 蛋白质

我们一般都会以高蛋白低脂肪为选择食物的标准，尤其是在选择肉、蛋、奶、豆腐等优质蛋白质食物时，蛋白质的含量尽量高一些比较好。

❸ 脂肪

大多数食物都是脂肪越低越好，尤其是零食类。有时这一项会分为饱和脂肪酸，单不饱和脂肪酸，多不饱和脂肪酸和反式脂肪酸，其中反式脂肪酸是目前公认最有害的一类脂肪。

❹ 碳水化合物

我们很在意的"糖"就包含在这一项里。如果是主食类食物，那这一项的数值高一些是正常的；但如果是饮料和果酱之类的非主食食物，这一项的值很高时，那该食品便基本全是"糖"了，要特别注意！

❺ 钠

主要是指氯化钠，也就是食盐，食盐对减脂和增肌都有影响，所以数值越低越好，方便面、咸菜，还有一些话梅都是钠含量很高的食物！

❻ 每100克

为方便消费者查看，这里一般使用的分量是"每100 克"，但是有些热量较高的食物也会用"每30 克"或"每份"，如巧克力、薯片等，要留心观察。

❼ 营养素参考值（NRV）

营养素参考值（Nutrient Reference Values），就是一份营养素占人体每日膳食推荐值的百分比。如上图中能量的 NRV 百分比是 12%，那就是指吃掉 100g 该食物，就会获得当天推荐摄取能量总值的 12%。

下面是五项常见营养素的推荐摄入量标准（每日）：
能量：2000 千卡 (kcal)，约 8400 千焦（kJ）
蛋白质：60g
脂肪：小于等于 60g
碳水化合物：300g
钠：2000mg

MEALS A DAY
我的一天，怎么吃？

我在减脂期间的每日饮食分配

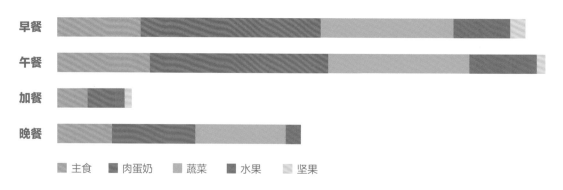

早餐				
午餐				
加餐				
晚餐				

■ 主食　■ 肉蛋奶　■ 蔬菜　■ 水果　■ 坚果

选择健康的食材，按照健康的比例，使用健康的烹饪方法，这就是我对健康饮食的理解。

当我们了解了如何选择健康的食材之后，就要给自己定制一个更加科学的饮食比例。我在减脂时，碳水化合物（简称"碳水"）、蛋白质、脂肪这三大供能营养素的比例为：**碳水 3+ 蛋白质 5+ 脂肪 2**；之后有规律地健身时的比例为：**碳水 4+ 蛋白质 4+ 脂肪 2**。上图是我把这些营养分配到一天饮食当中的比例参考，下面跟大家说说每天的具体安排。

8:30 AM

我每天基本是在这个时间开始享用早餐的，由于我平时上班比较忙，只有早餐可以自己做，所以这一餐我会比较花心思。

我早餐的特点是食材比较丰富，但每一种的量会比较少，主食基本控制在 50g 左右，肉类 100g

左右，每天基本都有鸡蛋和乳制品，蔬菜和水果也是必不可少的。烹饪方法主要以轻加工为主，但偶尔也会换换口味，吃一些热量偏高的食物，因为这是我要保持一生的饮食习惯，所以需要轻松、快乐一些，更何况像半年吃一次培根这样的频率，基本不会对我造成什么影响。

由于我每天吃完早餐都已经快 9 点了，而且早餐营养也比较丰富，所以在午餐之前我就没有加餐了。

12:00 NOON

我的午餐都是在公司或外面吃的，都是普通的饭菜，并没有自己做饭或带饭。有人会惊讶：这样就行了吗？其实我觉得只要养成了健康的饮食习惯，在哪里都可以吃得相对健康，而且能够在普通的饭菜中挑选出健康美味的食物，这才是终极傍身技能！所以我认为**会吃远比会做重要**，不然就算每天都自己做饭，也不一定能够减脂瘦身。

常见家常菜参考

	全荤菜	半荤菜	素菜
✓	清蒸鱼	芹菜肉丝	西红柿炒蛋
✓	清炒虾仁	青笋肉片	清炒西蓝花
✓	卤牛肉	木须肉	白菜炖豆腐
✓	煎牛排	黄瓜鸡片	芹菜炒香干
✓	烤鸡（不吃皮）	熘肝尖	香菇炒青菜
✗	红烧肉	鱼香肉丝	地三鲜
✗	红烧排骨	宫保鸡丁	干煸豆角
✗	糖醋里脊	回锅肉	鱼香茄子
✗	炸鸡块	咖喱鸡块	脆皮日本豆腐
✗	红烧狮子头	麻辣香锅	蚝油生菜

✓ 相对较好的　　　✗ 不推荐的

能自己做健康的饭菜固然好，但没条件做也不用放弃，因为任何时候，我们都需要做最好的自己。我会尽量选择食材丰富的食物，基本不在外面吃面或者炒饭等以主食为主的食物，因为里面其他的食材总是很少，吃得很饱却没得到均衡的营养。吃肉时少吃皮和肥的部分，尽量选加工步骤少的菜，少吃酱汁多的菜，如一份芹菜肉丝要比鱼香肉丝健康。上图是我总结的一些平时比较常见的家常菜，大家可以参考。

记得 2014 年初减脂的时候，我中午经常去一家"小碗菜"吃饭，常点的是一份番茄炒蛋，一份清蒸鱼，一份松仁玉米（当然并没有松仁，只有胡萝卜），米饭会要一碗，但是吃得很少，主要以玉米为主食。

4:00 PM

由于我午餐和晚餐之间相隔的时间较长，所以我会在这个时候加餐一次，不然之后就会很饿。我

一般会吃一些比较方便携带的低热量食物，如紫薯、玉米之类的粗粮，或者吃两个水煮鸡蛋的蛋白，偶尔也会吃一点水果或坚果，无论吃什么，量一定不能多。

7:00 PM

我在这个时间吃晚餐，是因为下班比较晚，不过从开始减脂至今，我是从来没有一天不吃晚餐的。我觉得相比午餐，很多人的晚餐更难控制，要么因为白天吃得多了就不吃，要么就是因为有聚餐、应酬之类的饭局就大吃大喝，或者觉得自己辛苦了一天想犒劳一下自己而一不小心吃得很多。

晚餐是我三餐当中吃得最少的，减脂的时候主食吃得很少，大概是午餐的一半，肉类和蔬菜尽量以容易消化的为主，水果也会吃得很少。晚上如果去健身的话，我会再吃两个水煮鸡蛋的蛋白作为加餐。

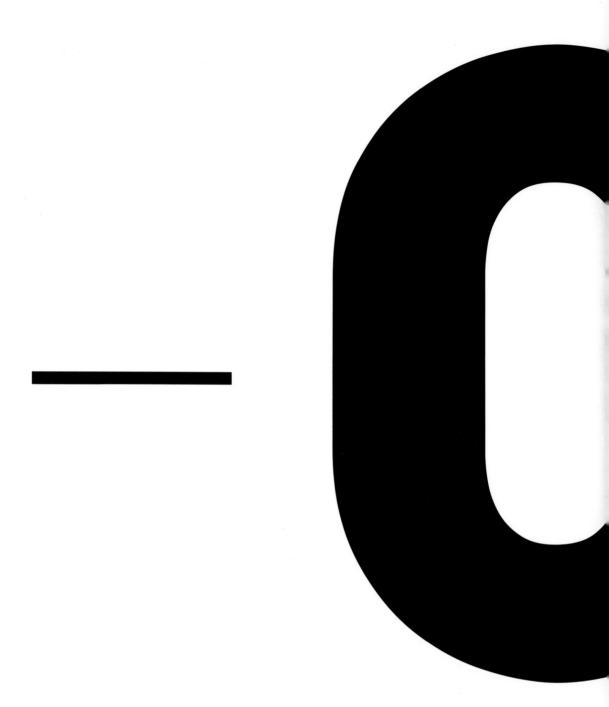

02

Breakfast
Starter

早餐入门

Kitchen

早餐常用厨具

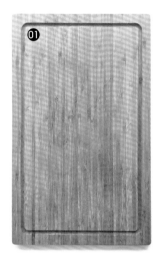

❹ 直径：15cm 高：8cm

水果刀

主厨刀

面包刀

❶ **砧板** 家中必备的厨房用具。建议准备三块，分别用来切生食、熟食和蔬果。砧板需要经常清洁，并保持干燥。

❷ **切蛋器** 用来切煮蛋的小工具，可以将煮蛋切片或切瓣，方便又实用。

❸ **喷油瓶** 使油以雾状均匀地喷洒在锅中或食物上，这样可以很好地控制油的用量。

❹ **小煮锅** 做早餐时经常会用到的小锅，用来焯蔬菜、煮蛋、煮汤或煮面等，适合烹饪小份食物。

❺ **厨刀** 我常用的厨刀有三把，水果刀用来切小的蔬果，主厨刀用来切肉、菜等大部分食材，面包刀用来切各种面包。

❻ **煎锅** 带有不粘涂层的煎锅，它能使食材受热均匀，方便清洗。其用处很多，是必备厨具之一。

直径：24cm　高：5cm

06

07 直径：16cm　高：3.5cm

08

09

10

11

12

07 **铸铁煎锅** 偶尔用来煎蛋等小份的食物。铸铁煎锅可以补充人体所需的铁元素，但是比较重，且需要花更多时间和精力去保养。

08 **石臼** 用来捣蒜泥或牛油果酱等，处理小份食材后比料理机更方便清理一些。

09 **食品夹** 在煎鸡胸肉等食物时使用，比铲子更方便翻动食物。

10 **挖球勺** 可以把西瓜、火龙果等水果挖成球状，获得更加美观的效果。

11 **塑料铲** 耐高温的锅铲，配合带不粘涂层的煎锅使用，防止刮伤涂层。

12 **保鲜膜、保鲜袋、密封罐** 用来保存食材的工具和材料，保鲜膜和保鲜袋一般用来保存放入冰箱的蔬菜、水果和肉类，密封罐用来放常温保存的食物。

Plate

最爱的餐盘

我对餐具很感兴趣，也想未来有机会设计自己的家居品牌。
我这几年收集了许多各式各样的餐具，其中我对餐盘情有独钟，可能是因
为它们在早餐中最常被用到吧。我比较喜欢纯色的餐盘，造型差不多的白
盘子就有十几款，在别人看来可能都一样，但我可以很陶醉地欣
赏它们之间的细微变化。同样大小的盘子，价格可能相
差几十倍，最初我喜欢买贵的，但时间久了发现，
手边常用得不一定是最贵的，几十元的盘子也
可以用得很舒服。所以别太在意品牌和价格，
买用得到的、好用的、使用频率高的餐具
才有价值。

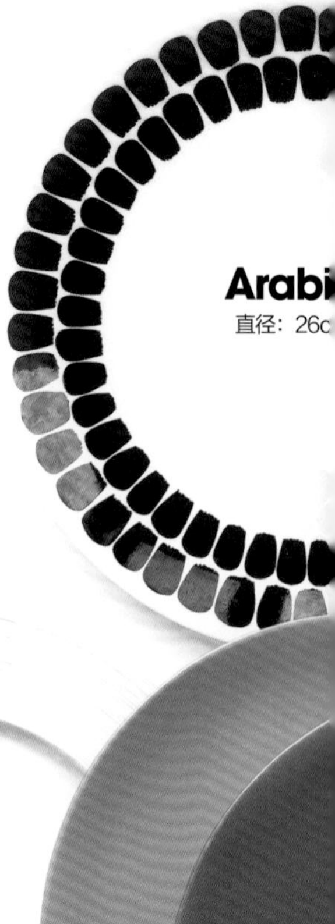

Arabi
直径: 26c

Luzerne
直径: 27cm

unjour
直径: 28cm

4th-market
直径: 21cm

日本陶艺家 Yumiko Iihoshi
的手作餐具，造型和质感都很棒，
但由于这类餐具很少上釉，
所以比较容易留下污渍，
需要花精力保养。

在吃一些简单的小份食物时，
会用到这些直径 20cm 左右的小餐盘。

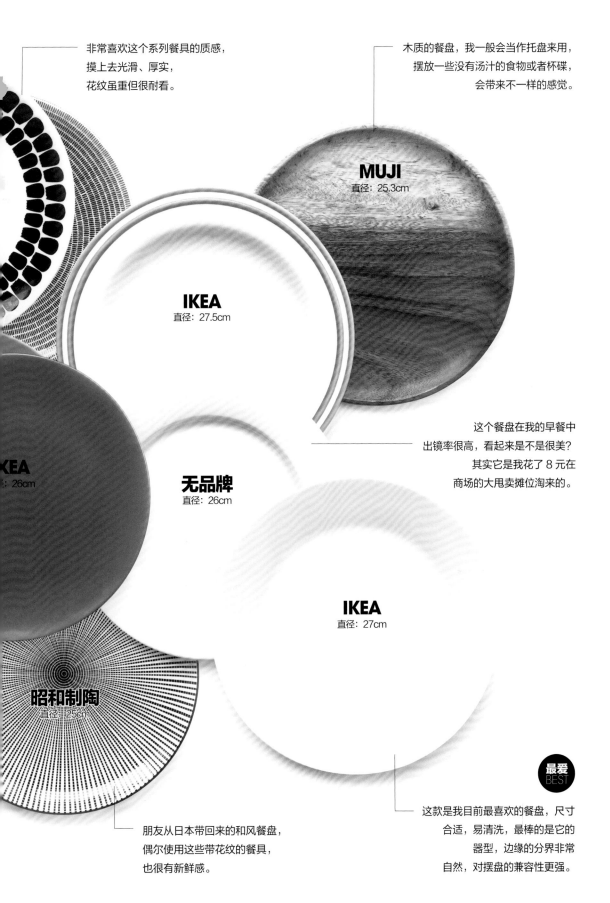

非常喜欢这个系列餐具的质感，
摸上去光滑、厚实，
花纹虽重但很耐看。

木质的餐盘，我一般会当作托盘来用，
摆放一些没有汤汁的食物或者杯碟，
会带来不一样的感觉。

MUJI
直径: 25.3cm

IKEA
直径: 27.5cm

这个餐盘在我的早餐中
出镜率很高，看起来是不是很美？
其实它是我花了 8 元在
商场的大甩卖摊位淘来的。

IKEA
直径: 26cm

无品牌
直径: 26cm

IKEA
直径: 27cm

昭和制陶
直径: 25cm

最爱
BEST

朋友从日本带回来的和风餐盘，
偶尔使用这些带花纹的餐盘，
也很有新鲜感。

这款是我目前最喜欢的餐盘，尺寸
合适，易清洗，最棒的是它的
器型，边缘的分界非常
自然，对摆盘的兼容性更强。

Cutlery
精选叉勺

在配备了盘、碟、杯、碗之后，选一套称手的餐具也很有必要。
除了筷子，我吃早餐时常用到叉和勺，很少会用餐刀，
下面是我比较喜欢的几款叉和勺，它们各有特色。

最爱
BEST

Cutipol

正餐叉 215mm
正餐勺 210mm

来自葡萄牙的餐具品牌，
这套餐具造型纤细、优美，是
近些年非常热门的款式，尤其
深受女生欢迎。

Dulton

正餐叉 189mm
正餐勺 189mm

一套复古风的餐具，
其设计简约，饱满有力，
暗红色的仿木纹手柄很有韵
味，是我非常喜欢的一套餐具。

ALFACT

正餐叉 188mm
正餐勺 185mm

来自日本的餐具品牌，
这套餐具的特色是镜面不锈钢
结合樱花木手柄，
造型略带一点欧式风格。

相泽工房 Aizawa

正餐叉 184mm
正餐勺 182mm

一个历史悠久的日本厨具品
牌，此套餐具本体为纯铜，
表面镀银，非常精美。
不过用一段时间后会出现比较
明显的氧化现象，不易保养。

不知名品牌

正餐叉 169mm
正餐勺 172mm

这套餐具虽然没有品牌，
但造型和颜色我都很喜欢，
而且价格比较公道，
我喜欢用木勺吃酸奶，
它放到嘴里不会有冰凉的感觉。

柳宗理

正餐叉 183mm
正餐勺 183mm

由日本工业设计师
柳宗理所设计的一套餐具，
其造型独特，线条圆润，
极具设计感。

Bread

经常吃的面包

面包是我早餐中最常出现的主食，但由于我平时比较忙，很难抽出几个小时来自己制作面包，所以基本都是买来吃的。

建议大家去专业的面包房，挑选低热量的主食类面包，也可以在网上找一些专门针对重视健康的人群的、口碑较好的面包房。尽量不要买超市货架上常见的面包，这些面包不但不够健康，添加剂也比较多。我有一次假期出门几天，回家后发现冰箱里的面包过了保质期，在面包房买的面包已经发霉了，而在超市里买的面包还香气扑鼻……从那之后我就很少去超市买面包了。

欧包
European Bread

欧式面包（简称"欧包"），本是对欧洲各种面包的统称，但目前在我们的认知中，它已经很具象地成为一种面包款式。欧包大部分无油、无糖或低糖，富含较多的膳食纤维，有很好的饱腹感，适合当作早餐中的主食。我喜欢用欧包做各种开放式三明治，或者直接搭配沙拉食用。

吐司
Toast

吐司是我们最常见的面包之一，相比其他主食类面包，它含有更多的蛋白质和脂肪，口感也更松软，很适合亚洲人的口味。但由于市面上很多常见的吐司都会加入更多的糖和油，所以我们需要细心挑选，才可以保证健康。吐司的用途很广泛，我经常会用它来做各种三明治或西多士。

三明治

开放式三明治

西多士

法棍
Baguette

法棍是由高筋面粉做成的一种欧式面包，
特点在于外韧内软，无糖、低油。
由于其造型独特，名声远扬，
所以还算比较容易购买。
我最爱的法棍做法是蒜香法棍。

Sandwich

不会散的三明治

一份好的三明治，需要选择健康且营养丰富的食材，
并考虑每种食材的摆放顺序，
这会影响到整体口味和美观程度，
接近吐司的食材尽量不要太干，不然吃的时候容易散落。

三明治是一种快捷、便利的食物，
我们可以在早餐时享用，也可以带到公司或学校作为午餐或晚餐享用。

STEP 01 叠加食材

煎蛋 2个
Fried Eggs

150g **全麦吐司**
Whole Wheat Toast

牛肉火腿 40g
Beef Ham

40g **芝士片**
Cheese Slices

西红柿 65g
Tomato

10g **花生酱**
Peanut Butter

黄瓜 20g
Cucumber

20g **紫甘蓝**
Purple Cabbage

生菜 25g
Lettuce

10g **自制沙拉酱汁**
Salad Dressing

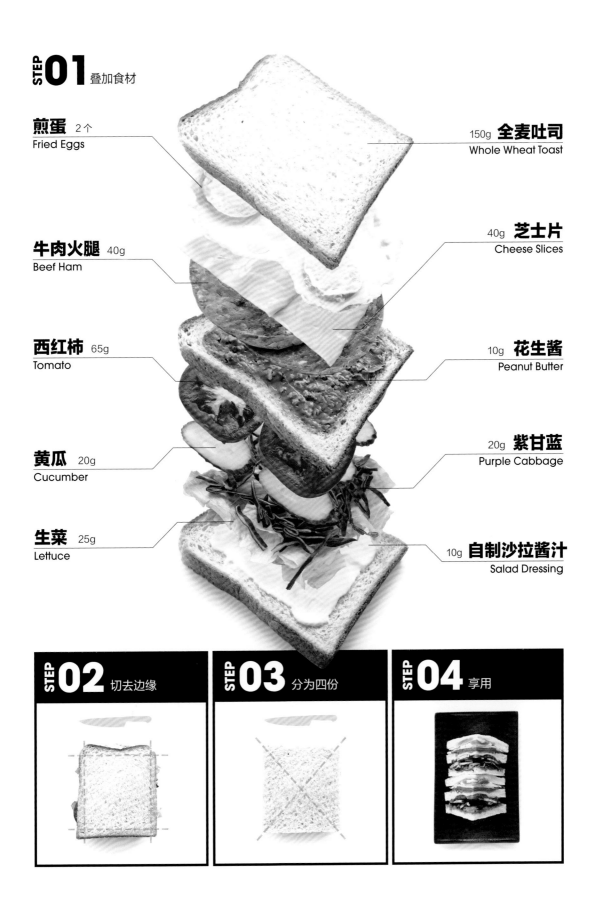

STEP 02 切去边缘

STEP 03 分为四份

STEP 04 享用

Meat
经常吃的肉类

肉类是获取蛋白质的重要来源之一，我的早餐中几乎都有肉。最初由于不太会做饭，只是吃一些火腿等加工好的熟食，随着烹饪技能的提升，早餐中的肉类也变得丰富起来。

下面就是我常用到的一些肉类。

黄鱼 Yellow Croaker

常见的海鱼，小黄鱼我一般会加些调味料直接清蒸，大黄鱼则会用比较家常的方法来做。

牛肉 Beef

牛的大部分位置的肉都不太容易熟，而仅有的几处嫩肉又比较贵，所以我一般是买牛腱子等部位提前卤好，或者买切得很薄的牛肉片在早晨烹饪。

卤牛肉

鸡胸肉 Chicken Breast

鸡胸肉是大家熟知的性价比很高的健康肉类，其做法很多，但由于鸡胸肉脂肪的含量很低，煮着吃的口感会比较柴，所以我一般将其用于煎或烤，或者搅成肉馅做鸡肉饼、鸡肉丸等。无论是煎还是烤，腌肉都是非常关键的步骤，我常用的腌肉调味料有料酒、柠檬汁、味淋、黑胡椒、迷迭香等。

鸡小胸 Chicken Small Breast

鸡小胸又叫鸡里脊，是鸡胸内侧的一小条肉，比鸡胸肉更嫩，脂肪含量也更低。

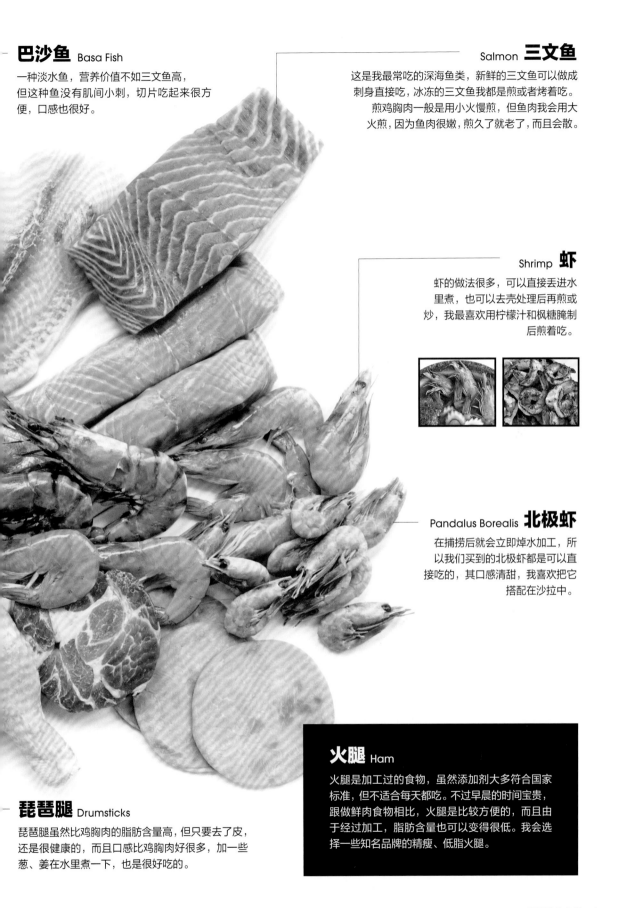

巴沙鱼 Basa Fish

一种淡水鱼，营养价值不如三文鱼高，但这种鱼没有肌间小刺，切片吃起来很方便，口感也很好。

Salmon **三文鱼**

这是我最常吃的深海鱼类，新鲜的三文鱼可以做成刺身直接吃，冰冻的三文鱼我都是煎或者烤着吃。煎鸡胸肉一般是用小火慢煎，但鱼肉我会用大火煎，因为鱼肉很嫩，煎久了就老了，而且会散。

Shrimp **虾**

虾的做法很多，可以直接丢进水里煮，也可以去壳处理后再煎或炒，我最喜欢用柠檬汁和枫糖腌制后煎着吃。

Pandalus Borealis **北极虾**

在捕捞后就会立即焯水加工，所以我们买到的北极虾都是可以直接吃的，其口感清甜，我喜欢把它搭配在沙拉中。

琵琶腿 Drumsticks

琵琶腿虽然比鸡胸肉的脂肪含量高，但只要去了皮，还是很健康的，而且口感比鸡胸肉好很多，加一些葱、姜在水里煮一下，也是很好吃的。

火腿 Ham

火腿是加工过的食物，虽然添加剂大多符合国家标准，但不适合每天都吃。不过早晨的时间宝贵，跟做鲜肉食物相比，火腿是比较方便的，而且由于经过加工，脂肪含量也可以变得很低。我会选择一些知名品牌的精瘦、低脂火腿。

Eggs

鸡蛋的做法

煮鸡蛋
Boiling Eggs

煮鸡蛋很简单，但如果想每次都能煮出令自己满意的溏心效果，还是需要花一些心思研究的。
根据我的经验，煮一枚完美的鸡蛋除了要控制煮制时间之外，还和鸡蛋的品种、尺寸、新鲜程度、
火力大小等因素有关，任何一项发生变化，最终效果都会有所不同。

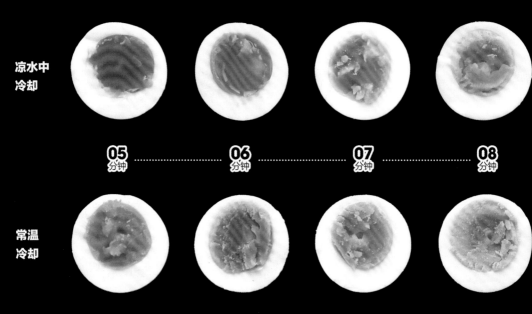

上图中是我在超市购买的蛋身印有生产日期的柴鸡蛋煮出来的效果，其尺寸中等，大概有 3 ~ 5
天的存放时间。
将其放入开水中，以小火煮好，一半放入凉水中冷却，另一半在盘子中常温冷却。

---

⑦ 鸡蛋不全熟可以吃吗？

生吃普通鸡蛋的确存在细菌感染的问题，像沙门氏
菌这类病菌，需要彻底煮熟鸡蛋才可以将其杀灭。
但这并不是绝对的，我们知道日本有些品牌的鸡蛋
是可以生吃的，其实是因为它们的安全把控比较严，
那些鸡从小就接种沙门氏菌疫苗，蛋的产出环境也

很有保障，所以这样的蛋是可以在 15 天以内生吃的，
不过价格会比较贵。
现在国内也有这样的鸡蛋品牌供大家选择，价格也
会相对低一些。

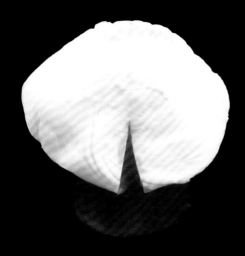

水波蛋
Poached Eggs

这是一种将鸡蛋去壳再煮的做法，对条件的要求更高一些，推荐使用新鲜的鸡蛋。

1. 准备大一点的锅和较多的水，水开后加入白醋，白醋可以使鸡蛋更快凝固；
2. 用餐具在沸水中搅一个漩涡，迅速关火；
3. 将鸡蛋打入漩涡中（可提前将蛋打入碗中，方便倒入）；
4. 开最小火，煮1分钟左右，待蛋白凝固即可捞出。

煎蛋
Fried Eggs

如果想做一个健康的煎蛋，重点是少油，回想起小时候妈妈给我做的煎蛋，那简直就是在"炸蛋"。

我一般会用喷油瓶在平底锅里喷上薄薄的一层橄榄油，如果有一口好的不粘锅，甚至可以不放油。

待油微热的时候打入鸡蛋，想让蛋黄永远都在中间吗？其实非常简单，打入鸡蛋的时候用蛋壳控制蛋黄流动就可以了。

火候不要太大，以免煎煳，快出锅时撒少许盐即可。

炒蛋
Scrambled Eggs

我们一般把这种炒蛋称为"美式炒蛋"，成功的关键不在于黄油，也不在于牛奶，而是对火候的控制。

1. 鸡蛋加盐打成蛋液，加少许牛奶，这样可以更嫩滑；
2. 开小火，平底锅不预热，直接放入黄油，融化后立即倒入蛋液；
3. 不停搅拌蛋液，可以将锅倾斜，这样能保证未定型的蛋液离火更近，定型的部分不会加热过度；
4. 待蛋液基本呈泥状的时候立即盛出，因为鸡蛋本身的余温还会使其进一步定型。

Salad
随心所欲的沙拉

在我看来，沙拉就是将多种食材混合起来的不含大量汤汁的一道菜，荤素、冷热、生熟均可，我们可以在里面加入各种蔬菜、肉类、蛋类、水果、坚果，甚至主食，几乎没有任何限制。

我很喜欢这种可以随心所欲、自由发挥的菜式。夏天我们可以选择各种适合生吃的蔬菜和水果，以搭配出清爽可口的沙拉；冬天又可以使用适合热加工的蔬菜和肉类，或煎或炒，使沙拉变得温暖诱人，而且这些轻加工的食物会相对健康很多，所以沙拉是我早餐中出现频率极高的菜品。

就算你不会烹饪，也可以搭配出适合自己口味的沙拉，而且只要稍稍用心，多选几种不同颜色的食材，就能让沙拉的"颜值"大大提升。

沙拉酱汁
Salad Sauce

沙拉酱汁基本都是由我自己调配的，以保证健康，并且吃的时候不会全部倒入沙拉中，而是倒在小碟中蘸着吃，这样可以在美味的前提下尽量少吃沙拉酱汁。

樱桃萝卜 ——

水果
Fruit

我喜欢在沙拉中加入各种酸甜口感的水果，这样就算没有酱汁，沙拉吃起来也会很有味道，图中像胡萝卜的水果是一种好吃的甜杏。

巴旦木 ——

卤牛肉 ——

肉、蛋类
Meat、Eggs

除了一些可以生吃的海鲜刺身，我还会使用煎鸡胸肉、煎牛排、煮蛋等，图中的肉是卤牛肉。

我常用到的可生食沙拉叶菜

生菜
Lettuce

罗马生菜
Romaine Lettuce

紫叶生菜
Purple Lettuce

奶油生菜
Butter Lettuce

紫甘蓝
Purple Cabbage

羽衣甘蓝
Kale

紫菊苣
Radicchio

冰草
Ice Plant

荆芥
Schizonepeta

香芹叶
Parsley

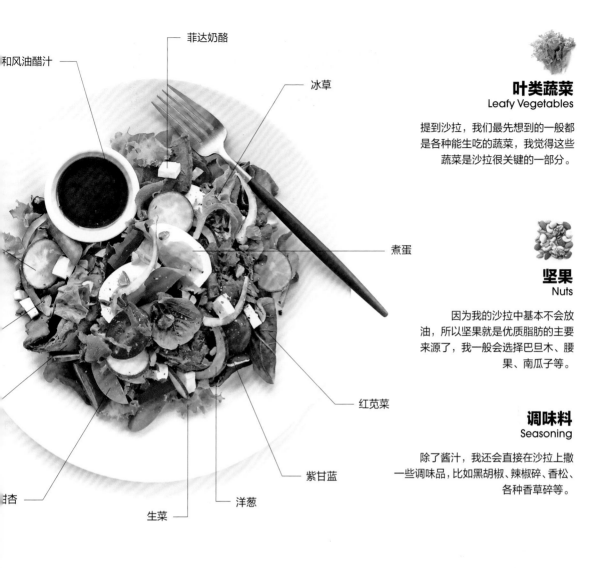

和风油醋汁

菲达奶酪

冰草

煮蛋

红苋菜

紫甘蓝

洋葱

生菜

叶类蔬菜
Leafy Vegetables

提到沙拉，我们最先想到的一般都是各种能生吃的蔬菜，我觉得这些蔬菜是沙拉很关键的一部分。

坚果
Nuts

因为我的沙拉中基本不会放油，所以坚果就是优质脂肪的主要来源了，我一般会选择巴旦木、腰果、南瓜子等。

调味料
Seasoning

除了酱汁，我还会直接在沙拉上撒一些调味品，比如黑胡椒、辣椒碎、香松、各种香草碎等。

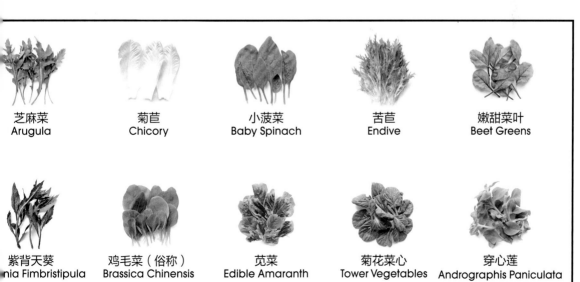

芝麻菜
Arugula

菊苣
Chicory

小菠菜
Baby Spinach

苦苣
Endive

嫩甜菜叶
Beet Greens

紫背天葵
nia Fimbristipula

鸡毛菜（俗称）
Brassica Chinensis

苋菜
Edible Amaranth

菊花菜心
Tower Vegetables

穿心莲
Andrographis Paniculata

Sauce

自制低卡沙拉酱汁

柠檬甜醋汁

5.7kcal/10ml

这是一款酸甜口味的沙拉酱汁，在我的早餐中经常出现，其制作方法简单、方便，非常百搭。

苹果醋	4份
蜂蜜	1份
柠檬汁	1份

酱汁是沙拉的精髓，作为调味品，它可以让我们更开心地吃下沙拉。说实在的，如果没有酱汁，我很难咽下那些健康的蔬菜。

市面上的酱汁大部分都会越吃越胖

之所以自制沙拉酱汁，是因为市面上能买到的大部分酱汁都不太健康，如最常见的千岛酱、蛋黄酱、沙拉酱等，有些产品的脂肪和热量高得离谱，而大部分人并不知情，或者为了口味并不在意。健康的食物在口味方面多少都会打一些折扣，而那些让人无法拒绝的美食往往热量偏高。我们就是一直在健康与美味之间权衡、挣扎。

自制酱汁真的很简单

酱汁的做法其实很简单，只要把自己喜欢的食材调和在一起就好了。至于选择哪些食材，酸甜辛香，每种食材都从属于一种或多种味道之下，我们把它们分类之后更容易选择。

酸： 苹果醋、红酒醋、黑醋、白葡萄酒醋、柠檬汁……
甜： 蜂蜜、木糖醇、枫糖、牛奶、果酱……
辛： 蒜、葱、辣椒、洋葱、芥末……
香： 欧芹、法香、罗勒、薄荷、莳萝、奶酪……

当然除了以上这些，还有很多食材可以使用，大家请随意发挥，千万不要受食谱的限制。

沙拉酱汁以外的调味品

习惯了健康饮食之后，我的口味变得很清淡，有时只用柠檬汁淋在沙拉上就会觉得很好吃了。除此之外，我还研制了以各种天然香料混合而成的混合调味料，它的热量比酱汁更低，可以搭配各种食物使用。

蒜香牛油果酱

9.9kcal/10ml

我自己非常喜欢的一款酱，将它抹在面包上或者拌沙拉都很诱人记得牛油果要选熟一些的，这样比较容易磨成酱

牛油果	4份
牛奶	2份
柠檬汁	1份
罗勒叶	0.5份
蒜蓉	0.5份
黑胡椒	0.3份
盐	少许

和风油醋汁

6.3kcal/10ml

日式风味的沙拉酱汁，搭配各种蔬菜、豆腐、肉类都很美味，其中加入的芥末更是可以让人食欲大开

寿司酱油.........................3份
芥末油............................ 1份
味淋...............................2份
柠檬汁 0.5份
水. 1份

酸乳酪沙拉酱

10.7kcal/10ml

我的沙拉酱一般以希腊酸奶作为底料，因为它的口感比较绵密，有奶油的感觉，而且比较健康

希腊酸奶.........................4份
菲达奶酪.........................2份
白葡萄酒醋.....................0.5份
大蒜粉 0.5份
莳萝 0.5份

蜂蜜芥末酱

9.6kcal/10ml

这里的芥末是指黄芥末酱，单吃的话味道偏酸且微苦，但加入其他食材调和后就很美味了

希腊酸奶.........................4份
黄芥末酱.........................1份
蜂蜜..............................1份
柠檬汁 1份
罗勒叶 0.5份

黄瓜酸奶酱

8.6kcal/10ml

清爽且风味独特的酱，其中的黄瓜需要去皮、去籽，切碎后沥干水分，捣成泥与酸奶混合

希腊酸奶.........................4份
黄瓜碎............................2份
柠檬汁 0.5份
黑胡椒 0.3份
小香葱 0.5份
大蒜粉 0.5份
盐 0.3份

低卡千岛酱

10.2kcal/10ml

这是我在研究了多款千岛酱配料表之后调配出的一款酱，其热量要低很多，而且酸甜可口

希腊酸奶.........................4份
番茄酱...........................2份
酸黄瓜碎.........................1份
柠檬汁 1份
盐 ....少许

草莓酱

5.2kcal/10ml

草莓酱的做法有一些不同，需要用锅煮一下，不过配料要简单很多

将适量草莓去蒂切碎，放入小奶锅中，加一点水，小火煮 3 ~ 5 分钟，煮制期间不停地搅拌，煮成糊状后洒一点柠檬汁即可（建议不要放糖，因为草莓本身甜味足够了）

Oatmeal

选麦片不再纠结

超市中的麦片各式各样，挑选的时候总会令我们眼花缭乱。在挑选时除了观察食品包装上的营养成分表，还能用什么办法挑选适合自己的麦片呢？下面我来给大家分享一下我的经验。

我把常见的麦片分为三大类。

纯麦片
Oatmeal

纯麦片是指那些加工步骤较少，没有添加其他食材的原味麦片。
最常见也是公认营养价值最高的就是燕麦片了，
其他的还有大麦片、小麦片、黑麦片、荞麦片等。
纯麦片营养价值相对较高，但口味单一，谈不上美味，有些需要煮过或用开水泡过才可以吃。

混合麦片
Cereal

混合麦片是在纯麦片的基础上加入其他谷物、水果干、坚果等食材加工而成的。
这类麦片口味较好，营养也较丰富，是最受大家欢迎的一种。
但混合麦片中加入的这些美味的食材，会使得麦片整体热量增加。
有些麦片还会加入很多的糖或蜂蜜，所以选购的时候一定要谨慎。

脆谷物类
Crunch

脆谷物类麦片以膨化食品为主，如燕麦圈、脆脆米、玉米片等，
这类麦片口感酥脆，口味多样，无须加工，泡在牛奶里很好吃，尤其受小朋友喜爱。
但这类麦片大部分都是经过再加工的膨化食品，营养流失严重，热量较高，
有些还会加色素等添加剂，所以建议大家不要大量食用。
幸好这类麦片密度较小，看起来一大把，其实分量并不算多。

我的麦片吃法

我不会只吃健康的纯麦片，因为它不够美味，吃起来没有满足感。我会在家中备不同类型的麦片，搭配起来吃。

比如喝牛奶的时候，我会加入即食的**纯麦片**，再放少许玉米片或燕麦圈之类的**脆谷物**作为点缀；喝酸奶的时候，我常用自制的或较健康的**混合麦片**，搭配一些新鲜的水果。

我希望在最大限度上兼顾健康和美味，并且在视觉上看起来漂亮，身心也得到满足。这样的早餐吃起来才会觉得快乐，而不是一味地追求营养，失去了享受早餐时那份开心的感觉。

牛奶
Milk

牛奶是我早餐中出现得最多的饮品，除了快捷、方便，更重要的是它能给我提供更多的蛋白质。我常喝的是纯牛奶和脱脂牛奶，这两种牛奶各有优点，差别并不是很大。

酸奶
Yogurt

酸奶是牛奶再加工而成的，其中含有乳酸菌，利于消化吸收，但市面上大部分酸奶都会加糖，我会尽量选择低糖或无糖的酸奶。

Food Preser-vation

保持食材的新鲜活力

我的早餐，食材经常在 10 种以上，如果每样食材只用一点，剩余部分保存得不好的话，会造成很大的浪费。我最初做早餐时，会经常有浪费的情况，曾为此苦恼过很久。不过我并没有因此而妥协，单调、乏味的早餐是我不能接受的。随着我做早餐次数的增多，对常见食材的保质期和保存方法渐渐有了经验，基本可以从容面对并且不会浪费了。

大部分的叶菜需要擦干表面的水分，用厨房纸或报纸包好，不然叶子很容易腐烂，然后放入冰箱冷藏，尽量将根部向下放，并避免挤压。在购买叶菜时要注意，有些看起来十分新鲜、水嫩的菜可能是商家泡过水的，买回去就比较容易烂掉了。

对于那些切过之后的食材，可以用保鲜膜包好，放在冰箱中保存，并尽量当天吃掉。如果实在吃不完，下次用时切掉暴露在外的一层再用就好了。

大部分热带的水果和蔬菜不适合长时间放入冰箱保存，如香蕉、芒果、菠萝等。但如果有吃剩下的部分，也要用保鲜膜包好冷藏保存。其实很多食材都没有我们想象中那么容易变质。

下面是我在食材保存上的一些经验，从肉、蛋，到蔬菜、水果、面包都有。学会保存食材，不仅能避免浪费，也是对食材的尊重。如果你刚刚开始学做早餐，想多用一些丰富的食材，又怕不会保存，浪费食材，不妨从我的经验中，找到一些食材保存的捷径。

西红柿
阴凉处 5 ~ 7 天

完整的西红柿可放在阴凉处
保存，切开后要装入保鲜袋，
放进冰箱中冷藏保存

紫甘蓝
冷藏 10 ~ 15 天

装入保鲜袋，放进冰箱中冷藏
保存，一片片扒着用比切开会
保存得久一些

芦笋
冷藏 3 ~ 5 天

用厨房纸包好，装入保鲜袋，
头朝上竖着放入冰箱中，冷藏
保存

洋葱
阴凉处 5 ~ 15 天

完整的洋葱可直接在阴凉处
保存，切开后要装入保鲜袋，
放进冰箱中冷藏保存

西蓝花
冷藏 2 ~ 3 天
冷冻 180 天

将整颗西蓝花留两三天的量，
剩余的切小块洗净，装入保鲜
袋，放进冰箱中冷冻保存

土豆
阴凉处 10 ~ 20 天

土豆可直接放在阴凉处保存，
只要没有发芽或变绿都是可
以食用的

生菜
冷藏 3 ~ 5 天

阴干生菜表面的水分，用厨房
纸包好，装入保鲜袋，放进冰
箱中冷藏保存

香菇
冷藏 5 ~ 7 天

擦去表面水分，用厨房纸包好，
再用保鲜袋或保鲜盒将香菇
密封，放进冰箱中冷藏保存

青豆
冷冻 180 天

青豆洗净后装入保鲜袋，放进
冰箱中冷冻保存

Food Preservation

菠菜
冷藏 6 ~ 10 天

在绿叶菜中，菠菜保质期相对较长可直接将其装入保鲜袋，在冰箱中冷藏保存

黄瓜
阴凉处 3 ~ 5 天

用厨房纸包好，放在阴凉处保存；切过的黄瓜用保鲜膜包好，在冰箱中冷藏保存

青椒
冷藏 5 ~ 7 天

擦去表面水分，用厨房纸或报纸包好，在冰箱中冷藏保存

胡萝卜
阴凉处 10 ~ 20 天

清除胡萝卜表面的泥土，切除顶部，用保鲜膜包好，放在阴凉通风处保存；切过的胡萝卜放入冰箱冷藏保存

玉米粒
冷冻 180 天

玉米粒煮熟后冷却，装入保鲜袋，在冰箱中冷冻保存

芹菜
冷藏 5 ~ 7 天

用铝箔纸或塑料袋将芹菜包裹完整，在冰箱中冷藏保存

草莓
冷藏 2 ~ 3 天

用保鲜袋或保鲜盒将草莓密封，以防止挤压，放进冰箱中冷藏保存

奇异果
冷藏 20 ~ 30 天

将每个奇异果用厨房纸包好，一起放入保鲜袋，放进冰箱中冷藏保存

鸡蛋
常温 5 ~ 7 天
冷藏 30 天

将鸡蛋大头朝上，放入冰箱中冷藏保存。如果放在常温中，应尽快吃掉

牛油果
常温 3 ~ 5 天
冷藏 5 ~ 7 天

保质期视成熟程度而定，较生的牛油果适合常温保存，较熟的可放入冰箱冷藏保存

香蕉
阴凉处 5 ~ 7 天

用报纸或锡纸包好香蕉的根部，挂在阴凉通风处保存。切忌放入冰箱冷藏

禽畜肉类
冷藏 1 ~ 2 天
冷冻 180 天

将肉按份分好，装入保鲜袋，放进冰箱中冷冻保存。吃的时候提前取出，自然解冻即可

橙子
冷藏 7 ~ 14 天

用保鲜袋密封，尽量不留空气在里面，放进冰箱中冷藏保存

面包
常温 2 ~ 3 天
冷冻 30 天

将吃不完的面包切好装入保鲜袋，放进冰箱中冷冻保存。吃的时候提前取出，表面喷一些水即可

鱼肉
冷藏 1 ~ 2 天
冷冻 120 天

将鱼肉按份分好，装入保鲜袋，放进冰箱中冷冻保存。吃的时候提前取出，自然解冻

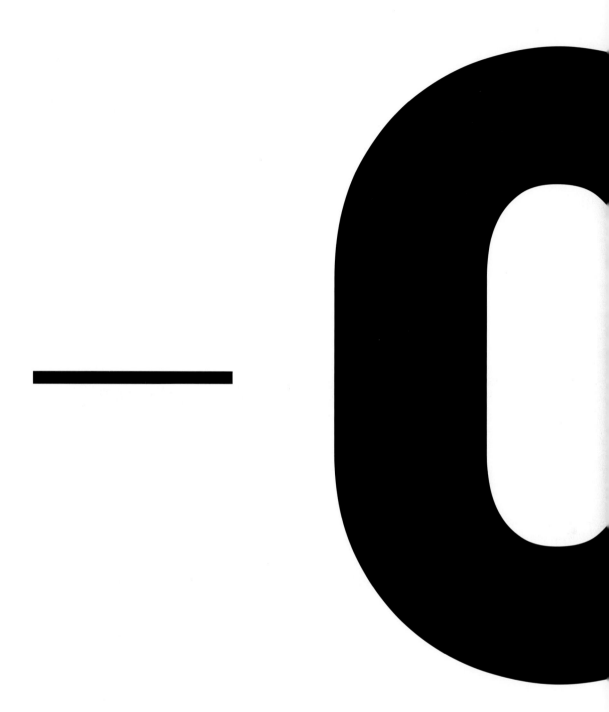

03

Breakfast
Recipes

早餐食谱

BREAKFAST RECIPES

早餐食谱

在我看来,早餐不像午餐或晚餐会摆一桌菜,但会是很精致的一份,每种食材的量不会很大,但食材种类会很丰富。

我每天早晨会用 40 分钟左右的时间来制作早餐,早餐的花样比较多。也许是因为我从不挑食,也不会对食物过敏,所以特别喜欢尝试各种新鲜的食材和食物。我不会特意按照地域去区分食物,无论中式、西式或日式等,只要是健康的、适合我口味的,就会纳入我的早餐食谱。

我早餐的烹饪方式以轻加工为主,能生吃的尽量生吃,但会比较注重搭配各种健康的调味料,尽量让食物变得美味,因为我知道我要做的是把健康的饮食习惯融入生活,伴随我一生,而不是暂时的减脂餐或增肌餐。我很清楚:如果不好吃,我一定坚持不下去。

我从我这些年的 2000 余份早餐中精选出 42 份做成了食谱,以每周 6 份的方式进行组合,并尽量保证一周中每天都不同。这些食谱也基本代表了我早餐的特色。

SANDWICH

NON-REPEATING BREAKFAST IN 10000 DAYS

从简单的开放三明治开始

如果你是刚开始学做早餐，或者早晨的时间较少，那一份开放三明治就是非常适合你的早餐。它的制作不但不需要太多烹饪步骤，而且摆盘也基本不用思考，将所有食材叠在一起就可以了。

材料 Ingredients

材料	数量
全麦吐司	1 片
瘦火腿	3 片
鸡蛋	1 个
生菜	2 叶
芝士片	1 片
红彩椒	3 圈
洋葱	3 圈
黄瓜	6 片
牛奶	200ml
即食麦片	1 小把

调味料

希腊酸奶	盐
菲达奶酪	欧芹碎
柠檬汁	黑胡椒
莳萝碎	橄榄油

做法 Method

❶ 全麦吐司入烤箱，120 摄氏度烤 5 分钟；

❷ 将希腊酸奶、菲达奶酪、柠檬汁、莳萝碎、盐混合，调成酱汁，均匀涂抹在吐司上；

❸ 在吐司上依次摆生菜、红彩椒、洋葱、芝士片和黄瓜片；

❹ 平底锅烧热，加少许橄榄油，煎蛋和火腿，火腿两面变色后撒黑胡椒和欧芹碎，鸡蛋定型后撒少许盐，依次放在吐司上；

❺ 牛奶中加入即食麦片，即可享用。

STEAMED BUN

荞麦馒头配菌菇鸡肉

除了面包，一些中式的主食也会出现在我的早餐中，如加入粗粮的馒头就是很健康的选择。早晨用蒸屉热一个软软的荞麦馒头，配上鸡胸肉炒菌菇，一定适合拥有"中国胃"的你。

材料 Ingredients

荞麦馒头	50g
鸡小胸	100g
煮蛋	1 个
青椒	1 小块
红彩椒	1 小块
黄彩椒	1 小块
香菇	2 个
白玉菇	1 小把
腰果	6 粒
香橙	2 片
牛奶	200ml
抹茶粉	少许

调味料

大葱段	柠檬汁
橄榄油	淀粉
盐	
黑胡椒	

做法 Method

❶ 鸡小胸切块，加盐、柠檬汁、黑胡椒和淀粉，腌制 15 分钟以上；

❷ 青椒、彩椒、香菇分别切小块，白玉菇去根；

❸ 荞麦馒头加热，和对半切开的煮蛋、香橙一起摆盘；

❹ 平底锅烧热，倒入橄榄油，待油温热后放入大葱段炒香，接着放入鸡小胸翻炒，鸡肉基本变色时加入香菇、白玉菇、青椒和彩椒，加少量盐和黑胡椒拌炒均匀，盛出装盘，撒入腰果；

❺ 牛奶加热后冲调抹茶粉，即可享用。

Non-repeating
BREAKFAST
—— in **10000** days

CHARGE
WU

金枪鱼脆烤法棍配鸡蛋沙拉

金枪鱼是富含蛋白质和不饱和脂肪酸的海鱼,也叫吞拿鱼。内陆地区能买到的大多是金枪鱼罐头,而罐头一般分为油浸和水浸两种。我一般会选择水浸金枪鱼罐头,其脂肪含量更低,但味道会更腥一些,所以我会搭配一些香料加热后食用。

材料 Ingredients

法棍	2 块
金枪鱼罐头	50g
煮蛋	1 个
樱桃番茄	2 个
罗马生菜	2 叶
芦笋	3 根
鸡毛菜	1 小把
樱桃萝卜	1 个
紫甘蓝	少许
腰果	5 粒
希腊酸奶	200ml
自制麦片	少许
树莓	1 颗

调味料

蒜末	苹果醋
法香碎	柠檬汁
黑胡椒	蜂蜜
干酪粉	盐
红酒醋	

做法 Method

❶ 先在法棍上抹一点金枪鱼罐头的汁,然后摆上捣碎的金枪鱼和切片的樱桃番茄,撒一些蒜末、法香碎和黑胡椒;

❷ 烤箱预热至 150 摄氏度,放入金枪鱼法棍,烤 6 分钟;

❸ 芦笋焯熟后切段,煮蛋切瓣,樱桃萝卜切片,罗马生菜和紫甘蓝撕碎;

❹ 将罗马生菜、紫甘蓝、鸡毛菜、樱桃萝卜、煮蛋、腰果碎混合,撒少许黑胡椒和干酪粉;

❺ 将红酒醋、苹果醋、柠檬汁、蜂蜜、盐混合,调成沙拉汁装碟;

❻ 将希腊酸奶倒入碗中,加入自制麦片和树莓,即可享用。

NON-REPEATING BREAKFAST IN 10000 DAYS

NOODLES

煎凤尾虾拌面

拌面比汤面和炒面更方便，只需根据自己的口味调酱汁，然后和煮好的面混合，拌匀就可以了，很适合在夏天的早晨食用。拌好的面可以搭配各种食材，煮过的、煎过的，甚至是与一份沙拉混合，都是非常美味的。

材料 Ingredients

拉面	50g
对虾	8 只
煮蛋	1 个
樱桃番茄	3 个
菊花菜心	1 小把
樱桃萝卜	1 个
柠檬	1 片
巴旦木	5 粒
酸奶	200g
蓝莓酱	少许
蓝莓	1 小把

调味料

欧芹碎	柠檬汁
黄油	蒜汁
低糖番茄酱	泰式辣酱
无糖生抽	盐

做法 Method

❶ 樱桃番茄对半切开，樱桃萝卜切片，煮蛋切瓣，菊花菜心择小叶；

❷ 对虾去头去壳，只留尾部，清理虾线；

❸ 平底锅烧热，涂少量黄油，将处理好的对虾煎至两面变色，撒少许盐、柠檬汁和欧芹碎，盛出备用；

❹ 在空面碗中加入低糖番茄酱、无糖生抽、柠檬汁、蒜汁、泰式辣酱，混合均匀；

❺ 烧一小锅开水，拉面煮 3 分钟后盛入有调味汁的面碗中拌匀；

❻ 将煎好的虾以及煮蛋和蔬菜摆在拌面上，用一片柠檬淋汁调味，巴旦木压碎后撒在拌好的面上；

❼ 酸奶倒入碗中，加入自制蓝莓酱和蓝莓，即可享用。

Non-repeating

BREAKFAST

in **10000** days

食材丰富的煎鸡胸肉沙拉

一份食材丰富的沙拉,配两片面包,这是我早餐中常出现的一种搭配。沙拉中一般都有生有熟,有菜有肉,还会配一碟自制沙拉酱汁。我盘中出现的柠檬一般都是用来挤汁在食物上调味的,不会直接食用。

材料 Ingredients

水果软欧面包 ·················· 50g
鸡胸肉 ·························· 100g
煮蛋 ······························ 1 个
罗马生菜 ·························· 2 叶
紫叶生菜 ·························· 2 叶
芝麻菜 ·························· 1 小把
樱桃番茄 ·························· 4 个
紫甘蓝 ···························· 1 叶
洋葱 ···························· 少许
菲达奶酪 ························ 1 小块
柠檬 ······························ 2 片
扁桃仁 ···························· 4 粒
牛奶 ···························· 200ml
红茶 ···························· 少许

调味料

黑胡椒　　　　希腊酸奶
盐　　　　　　黄芥末酱
淀粉　　　　　蜂蜜
柠檬汁　　　　莳萝碎
橄榄油

做法 Method

❶ 鸡胸肉加盐、柠檬汁、黑胡椒和淀粉,腌制 15 分钟以上(最好前一天晚上放入冰箱腌制一夜);

❷ 罗马生菜和紫叶生菜切小块,铺在盘底,依次摆入紫甘蓝、切瓣的煮蛋、樱桃番茄、芝麻菜、洋葱;

❸ 将希腊酸奶、黄芥末酱、蜂蜜、莳萝碎和少量盐混合成沙拉酱;

❹ 平底锅烧热,加少许橄榄油,煎腌好的鸡胸肉,5 分钟左右煎至两面金黄即可,切块摆入沙拉中;

❺ 继续在沙拉中加入少许芝麻菜、菲达奶酪、扁桃仁和柠檬片并拌均匀,并摆入水果软欧面包;

❻ 牛奶加热后与红茶混合,即可享用。

salmon

NON-REPEATING BREAKFAST IN 10000 DAYS

三文鱼拌饭配嫩滑炒蛋

对于喜欢吃鱼和生食的我来说，这份早餐实在是太美味了！而且做起来也非常方便、省时。生食的三文鱼我会在较大的超市或市场中购买，那里的三文鱼一般都是捕捞后立即进行急冻的，这样可以杀死大部分的寄生虫，食用更加安全。

材料 Ingredients

大米小米饭 ···················· 100g
新鲜三文鱼 ···················· 120g
鸡蛋 ····························· 1 个
罗马生菜 ························· 2 叶
草莓 ····························· 2 个
柠檬 ····························· 1 片
牛奶 ·························· 200ml
即食麦片 ······················· 少许

调味料

香松　　　　　寿司酱油
海苔丝　　　　盐
橄榄油（或黄油）

做法 Method

❶ 将大米与小米一起煮的饭盛入碗中，新鲜三文鱼切块，鸡蛋打成蛋液加少许盐和 10ml 牛奶备用；

❷ 平底锅不用热锅，直接倒入少许橄榄油（或黄油），开最小火，几秒钟后倒入蛋液，不停搅拌，待蛋液稍稍定型后立刻关火，用余温继续搅拌成嫩滑的一团，摆入米饭中；

❸ 依次摆入罗马生菜、柠檬片、草莓和新鲜三文鱼，三文鱼上撒香松和海苔丝，吃的时候再淋上寿司酱油；

❹ 牛奶中加入即食麦片，即可享用。

BIRTHDAY

生日

————————— 生日 —————————

年轻时，生日是跟一大群朋友聚在一起，喝酒到天亮。
我最好的朋友和我生日只差两天，我们会一起喝酒聊天，
哪怕只有两个人，也很快乐。
随着年龄增长，生日那天聚在一起的朋友也越来越少，
希望大家在繁忙的生活中，别忘了身边最好的朋友。

IT'S MY BIRTHDAY

BREAKFAST
NICE BODY

Non-repeating breakfast in 365 days a year

开放式牛肉火腿三明治

如果你已经掌握了第一个食谱中三明治的摆放方法,那就可以尝试着做一些新的造型,虽然食材都是差不多的, 但这种新鲜感可以使我们的生活更有趣味。蜜红豆无论是买的还是自己煮的, 吃不完的部分都可以放在冰箱里冷冻保存。

材料 Ingredients

全麦吐司 ----------------------- 1 片
牛肉火腿 ----------------------- 2 片
煮蛋 --------------------------- 1 个
芝士片 ------------------------- 1 片
西红柿 ------------------------- 3 片
生菜 --------------------------- 2 叶
鸡毛菜 ------------------------- 少许
酸奶 --------------------------- 200g
奇异果 ------------------------- 1 个
樱桃 --------------------------- 1 粒
烤麦片 ------------------------- 少许
蜜红豆 ------------------------- 少许

调味料

花生酱
罗勒碎

做法 Method

❶ 全麦吐司入烤箱,120 摄氏度烤 5 分钟;

❷ 煮蛋、西红柿、奇异果分别切片;

❸ 取出烤好的全麦吐司,涂抹花生酱,摆入生菜、西红柿、牛肉火腿、芝士片、煮蛋、鸡毛菜,撒少许罗勒碎;

❹ 酸奶倒入碗中,摆入奇异果、烤麦片、蜜红豆和樱桃,即可享用。

Non-repeating
BREAKFAST
CHARGE WU
—— in **10000** days

懒龙配清爽时蔬蛋花汤

懒龙是北京的一种特色主食，里面卷的是肉馅，我从小就很喜欢吃，现在偶尔出现在早餐中，会有很亲切的感觉。蛋花汤中的食材要切得尽量薄一些，才能漂在汤的表面。

材料 Ingredients

牛肉懒龙	80g
鸡腿肉	100g
鸡蛋	2 个
西芹	1 小段
樱桃番茄	2 个
香菇	1 个
黄瓜	1 小段
胡萝卜	1 小段
草莓	2 个
葡萄	3 粒
金橘	1 颗
香蕉	1 小段
腰果	3 粒

调味料

橄榄油	料酒
盐	香菜
淀粉	

做法 Method

❶ 鸡腿肉去皮，加盐、料酒和淀粉，腌制 15 分钟以上（最好前一天晚上放入冰箱腌制一夜）；

❷ 一个鸡蛋打成蛋液，香菇和黄瓜切片，胡萝卜切丁，香蕉切片；

❸ 将草莓、葡萄、金橘、香蕉和腰果摆盘；

❹ 烧一小锅开水，放入切好的香菇和胡萝卜，煮开后转小火，放入黄瓜片，将淀粉加水调匀，倒入锅中，并加适量盐，接着慢慢倒入蛋液，边倒边用筷子在锅中搅拌，倒完关火，盛入碗中并加香菜点缀；

❺ 平底锅烧热，加少量橄榄油，油热后煎腌好的鸡腿肉，5 分钟左右煎至两面金黄即可，切块后摆入盘中；

❻ 重新加热平底锅，热锅温油，小火煎另一个鸡蛋，快出锅时撒少量盐，摆入盘中；

❼ 将牛肉懒龙、樱桃番茄和西芹摆盘，即可享用。

NON-REPEATING BREAKFAST IN 10000 DAYS

MASHED POTATO

香煎三文鱼配低脂土豆泥

土豆本身是很健康的食物，也很适合减脂期食用，但前提是把它当作主食，而不是蔬菜，而且烹饪时尽量少油，尤其不能油炸，不然就变成"热量炸弹"了。所以做成土豆泥是非常好的烹饪方法，我们在外面吃的土豆泥大多都会加很多黄油。

材料 Ingredients

土豆	80g
三文鱼	120g
鸡蛋	1个
煮蛋	1个
生菜	2叶
紫叶生菜	1叶
樱桃番茄	2个
胡萝卜	1小块
牛奶	220ml
抹茶粉	少许

调味料

橄榄油	莳萝碎
盐	希腊酸奶
干酪粉	欧芹碎
柠檬汁	

做法 Method

❶ 三文鱼加盐和柠檬汁，腌制15分钟；

❷ 土豆切小块，放入开水中煮烂，捞出后捣成泥，与切碎的煮蛋黄和少许牛奶一起放入小煮锅中，小火慢煮，煮制期间不停地搅拌，并加入盐、干酪粉和少许橄榄油，煮成糊状后盛出，加入煮蛋白碎和胡萝卜碎，拌匀后即可装盘；

❸ 将生菜和紫叶生菜撕碎，与樱桃番茄一起摆盘；

❹ 将希腊酸奶、欧芹碎、柠檬汁和盐混合，调成沙拉酱装碟；

❺ 平底锅烧热，加少许橄榄油，将三文鱼煎至各面变色，撒少许盐和莳萝碎，即可摆盘；

❻ 鸡蛋打成蛋液，加少量盐，倒入锅中炒一下并装盘；

❼ 牛奶加热后冲调抹茶粉，即可享用。

NON-REPEATING BREAKFAST IN 10000 DAYS

Ramen

海鲜味噌拉面

我们常吃的拉面中白色的骨汤，其实并没有较多营养，白色只是骨头中煮出来的脂肪的颜色而已，所以我在拉面中会使用白味噌来做汤底。味噌由大豆发酵制成，含有优质蛋白质，而白味噌会比赤味噌更清淡一些，含盐更少。

材料 Ingredients

拉面	50g
对虾	3 只
八爪鱼	2 只
煮蛋	半个
鸣门卷	2 片
西蓝花	1 小块
菊花菜心	1 个
香菇	3 个
胡萝卜	3 片
火龙果	2 片
黄桃	1 块
奇异果	半个
樱桃番茄	1 个

调味料

白味噌
味淋
昆布
小香葱

做法 Method

❶ 将西蓝花、香菇、胡萝卜焯熟备用；

❷ 烧一锅开水，放入对虾、八爪鱼、鸣门卷和昆布，煮熟后全部捞出，昆布丢掉不要；

❸ 白味噌和味淋用温水调匀，倒入刚刚煮过食材的水中，搅拌均匀，作为拉面的浇头备用；

❹ 拉面用开水煮熟，盛入碗中，摆入对虾、八爪鱼、鸣门卷、菊花菜心、西蓝花、胡萝卜、煮蛋、香菇，倒入白味噌浇头，撒少许小香葱；

❺ 将火龙果、奇异果、黄桃和樱桃番茄摆入小碟中，即可享用。

Non-repeating
BR**E**AKF**A**ST
CHARGE WU
—— in **10000** days

香煎鸡小胸与时蔬

鸡小胸是鸡大胸内侧的一小条肉, 也叫鸡里脊, 其脂肪含量比鸡大胸更低一点, 肉也更嫩,
很适合煎着吃。我平时不太喝茶, 但比较喜欢红茶的味道, 早晨偶尔用加热的牛奶泡一个红
茶包, 这几乎没有增加任何热量, 却有了新鲜的味道。

材料 Ingredients

甜橙软欧面包 ·················· 50g
鸡小胸 ························· 100g
煮蛋 ···························· 1 个
西蓝花 ························ 1 小块
芦笋 ···························· 1 根
迷你胡萝卜 ···················· 1 根
抱子甘蓝 ······················ 1 个
香菇 ···························· 1 个
樱桃番茄 ······················ 1 个
黄彩椒 ······················ 1 小块
红彩椒 ······················ 1 小块
洋葱 ························· 1 小块
脱脂牛奶 ·················· 200ml
红茶 ·························· 少许

调味料

柠檬汁　　　　橄榄油
黑胡椒　　　　香菜
盐
淀粉

做法 Method

❶ 鸡小胸加柠檬汁、黑胡椒、盐、淀粉, 腌制 10 分钟以上;

❷ 西蓝花和彩椒切小块, 芦笋切段, 抱子甘蓝和樱桃番茄对半切开, 香菇切片;

❸ 平底锅烧热, 加少量橄榄油, 油热后煎腌好的鸡小胸, 5 分钟左右煎至两面金黄即可;

❹ 将平底锅清理干净, 重新加入橄榄油, 先放入迷你胡萝卜、抱子甘蓝、芦笋和西蓝花, 煎至 5 分熟时放入香菇、彩椒、樱桃番茄和洋葱, 加少量盐和黑胡椒, 拌炒均匀与对半切开的煮蛋一起装盘, 并以香菜点缀;

❺ 脱脂牛奶加热后与红茶混合, 配以甜橙软欧面包, 即可享用。

Non-repeating
Breakfast
in 365 days a year

鸡蛋火腿炒饭配五色小食

传统意义上的炒饭都是以米饭为主的，肉和蔬菜只是作为辅料和点缀，作为主食搭配其他菜肴吃没问题，但如果只吃这一份，那营养就不太均衡了。所以我的炒饭或炒面都会和平时的营养比例一样，加很多的肉和蔬菜。我最常做的就是加入鸡蛋、火腿，以及各种蔬菜的炒饭，因为食材常见，做起来也简单。

材料 Ingredients

隔夜米饭	100g
瘦火腿	80g
鸡蛋	1 个
鸡毛菜	1 小把
青豆	1 小把
无花果	1 个
甜橙	3 片
巴旦木	10 粒
南瓜子	少许
日式酱菜	少许
牛奶	200ml
草莓汁	20ml

调味料

橄榄油	葱片
盐	蒜末
黑胡椒	

做法 Method

❶ 火腿切小粒，鸡蛋打成蛋液加少许盐；

❷ 炒锅烧热，加少许橄榄油，倒入蛋液炒成鸡蛋碎，盛出备用；

❸ 炒锅中再加一点橄榄油，炒香葱片和蒜末，加入火腿粒，炒至变色后加入青豆和鸡毛菜，拌炒几下后再加入米饭和鸡蛋碎，炒至米饭粒粒分明，撒少许盐和黑胡椒，即可出锅；

❹ 将甜橙、无花果、日式酱菜和坚果分别摆盘；

❺ 牛奶混合草莓汁后倒入杯中，即可享用。

农历 **5.5**

THE DRAGON BOAT FESTIVAL

端午

端午节是纪念性的节日，总有一些悲凉冷清的感觉，
所以我的早餐也会清淡一些，像冰草就很适合这个节日。
端午节要吃粽子，到底是甜粽子好吃还是咸粽子好吃，一直是很多人争论不休的话题。
作为北方人，我从小吃甜粽子长大，但也不排斥咸粽子，碰到就要尝一尝。
在我看来，不挑食，什么都试一下，会享受到更多乐趣。

THE
DRAGON BOAT
FESTIVAL

端
午
节

Non-repeating breakfast in 365 days a year

ALL FOR JOY

NON-REPEATING BREAKFAST IN 365 DAYS A YEAR

火腿煎蛋三明治配火龙果船

这份早餐看起来很丰富，但只有三明治中的煎蛋需要用到火，其他的食材都是可以直接食用的，所以做起来还是很简单的。我很喜欢抹茶的味道，所以经常会将它加在牛奶中，有些人听到抹茶就会觉得它很甜，其实是有无糖或低糖抹茶粉可以选择的，我一般用无糖抹茶粉。

材料 Ingredients

全麦吐司	3 片
鸡蛋	2 个
牛肉火腿	3 片
罗马生菜	3 叶
西红柿	4 片
低脂芝士片	1 片
火龙果	半个
草莓	1 个
香蕉	1 小段
甜橙	1 片
蓝莓	3 粒
布朗	半个
牛奶	200ml
抹茶粉	少许

调味料

橄榄油
盐
花生酱

做法 Method

❶ 火龙果用挖球勺将果肉挖成几个球形，与香蕉、草莓、布朗、甜橙、蓝莓一起摆入火龙果果壳中；

❷ 第一片全麦吐司上面抹花生酱，依次摆入罗马生菜和西红柿片，摆入第二片全麦吐司（吐司上面也可以抹少量花生酱），接着放入罗马生菜、低脂芝士片和牛肉火腿；

❸ 平底锅烧热后加少量橄榄油，打入两个鸡蛋，加少许盐，双面煎熟，摆在加好食材的全麦吐司上；

❹ 放上第三片全麦吐司，找盘子或其他重物压几分钟，使三明治更牢固，用刀切去全部吐司的四个边，再对角切两次，分成四块并摆盘；

❺ 牛奶加热后冲调抹茶粉，即可享用。

NON-REPEATING BREAKFAST IN 10000 DAYS

WOWOTOU

杂粮窝窝头配抱子甘蓝炒牛肉

窝窝头是比较典型的粗粮类中式主食，只是我们现在的饭桌上并不常见了，而且现在买到的窝窝头也不会像几十年前那样粗糙得难以下咽，因为其中面粉的比例会比较高。窝窝头的搭配很多，偶尔出现在早餐中还是很不错的。

材料 Ingredients

玉米窝窝头	1 个
紫米窝窝头	1 个
鸡蛋	1 个
牛肉片	120g
抱子甘蓝	8 个
樱桃番茄	2 个
核桃	1 颗
牛奶	200ml
即食麦片	少许

调味料

橄榄油	蒜末
盐	辣椒碎
料酒	黑胡椒
低钠酱油	

做法 Method

❶ 牛肉片焯水去浮沫，抱子甘蓝对半切开；

❷ 炒锅烧热，加少许橄榄油，炒香蒜末和辣椒碎，加入焯水后的牛肉片，拌炒几下后加入抱子甘蓝，加少量盐、黑胡椒、料酒和低钠酱油，炒至抱子甘蓝变色即可出锅装盘；

❸ 平底锅烧热，热锅温油，小火煎一个鸡蛋，快出锅时撒少量盐，摆入盘中；

❹ 将两个窝窝头、樱桃番茄和核桃摆盘；

❺ 牛奶中加入即食麦片，即可享用。

Non-repeating

BREAKFAST

CHARGE
WU

—— in **10000** days

虾仁芝士焗法棍配滑蛋

很多人认为芝士的热量很高，但其实优质的芝士对减脂增肌是很有帮助的。芝士分为原制芝士和再制芝士，再制芝士是由原制芝士加工而成的，会有一些添加剂，不推荐购买、食用。我会选择脂肪含量较低的芝士少量食用。

材料 Ingredients

法棍	2 块
对虾	6 只
鸡蛋	1 个
低脂芝士片	1 片
青豆	1 小把
玉米粒	1 小把
红椒	1 小块
生菜	2 叶
樱桃番茄	3 个
柠檬	1 片
牛奶	200ml
玉米片	少许
即食麦片	少许

调味料

橄榄油	蒜末
盐	黑胡椒
欧芹碎	柠檬汁

做法 Method

❶ 红椒切小粒，低脂芝士片切小条，对虾去头、去壳，清理虾线；

❷ 将虾、玉米粒、青豆、红椒粒分别摆在两块法棍上，撒蒜末、黑胡椒、柠檬汁和少许盐，铺上芝士条；

❸ 烤箱预热至 180 摄氏度，放入摆好食材的法棍，烤 8 分钟，出炉后撒少许欧芹碎后摆盘；

❹ 鸡蛋打成蛋液，加一点盐和牛奶，平底锅冷锅冷油，小火炒至嫩滑，盛出摆盘；

❺ 将生菜、樱桃番茄、柠檬片摆盘；

❻ 牛奶中加入即食麦片和玉米片，即可享用。

CHOW MEIN

喷香的孜然烤肉炒面

有时晚上会和朋友一起去吃烧烤，剩下的肉串就会打包回来，去掉肥的部分，第二天早晨做一份美味的烤肉炒面。有人觉得羊肉不如牛肉脂肪含量低，其实牛、羊、猪这些家畜类的瘦肉部分脂肪含量都差不多，所以只要不吃肥肉都没问题。

材料 Ingredients

刀削面	50g
烤羊肉	100g
煮蛋	半个
青椒	半个
红彩椒	半个
洋葱	1 小块
木耳	1 小把
脱脂牛奶	200ml
即食麦片	少许

调味料

橄榄油	辣椒粉
盐	料酒
孜然	低钠酱油
蒜末	

做法 Method

❶ 青椒、红彩椒、木耳、洋葱切块；

❷ 刀削面下入开水中煮 3 分钟，捞起后过凉水备用；

❸ 热锅温油，下蒜末炒香，放入烤羊肉炒至变色，接着放青椒、红彩椒、木耳和洋葱拌炒，最后放刀削面，加料酒、低钠酱油、盐、孜然和辣椒粉，拌炒均匀即可装盘；

❹ 煮蛋摆在炒面上；

❺ 脱脂牛奶中加入即食麦片，即可享用。

Non-repeating

BREAKFAST

CHARGE
WU

—— in **10000** days

煎鸡胸肉配藜麦沙拉、水波蛋

藜麦不但含有优质碳水化合物,而且也是少数含有优质蛋白质的植物之一,所以近些年的减脂餐、增肌餐中经常能见到它的身影。我经常把藜麦和其他主食一起食用,因为藜麦的碳水化合物含量不算很高,只用它作为主食的话,使人产生的饱腹感不是很强。

材料 Ingredients

软欧面包	50g
鸡胸肉	100g
鸡蛋	1 个
三色藜麦	20g
玉米粒	1 小把
胡萝卜粒	1 小把
青豆	1 小把
罗勒叶	少许
樱桃番茄	3 个
牛奶	200ml
抹茶粉	少许

调味料

黑胡椒	希腊酸奶
盐	蒜末
淀粉	小香葱
味淋	黄瓜
柠檬汁	白醋
橄榄油	

做法 Method

❶ 鸡胸肉加盐、味淋和淀粉,腌制 15 分钟以上(最好前一天晚上放入冰箱腌制一夜);

❷ 烧一小锅水,水开后将藜麦煮 12 分钟,再放入玉米粒、胡萝卜粒和青豆一起煮 2 分钟,捞出后沥干水分后与樱桃番茄、软欧面包一起装盘,加罗勒叶点缀;

❸ 将黄瓜去籽切碎,尽量吸去水分,与希腊酸奶、蒜末、柠檬汁、黑胡椒、小香葱、盐一起混合成沙拉酱装碟;

❹ 平底锅烧热,加少许橄榄油,煎腌好的鸡胸肉,5 分钟左右煎至两面金黄即可,切片摆盘;

❺ 用稍大一些的锅烧水,在水中加一些白醋,水开后调至最小火,用筷子在水中搅出漩涡,打入鸡蛋,1 ~ 2 分钟后待鸡蛋定型,即可捞出;

❻ 牛奶加热后冲调抹茶粉,即可享用。

Seafood

NON-REPEATING BREAKFAST IN 10000 DAYS

至尊海鲜炒饭

炒饭的做法虽然看起来大同小异，但我经常会尝试各种花样。像这种加入了番茄酱的海鲜炒饭，色彩浓烈，会有一种让人食欲大增的感觉，并且它真的很美味。番茄酱我会选择含糖量较低的，也就是营养成分表中碳水化合物那一栏数值较低的。

材料 Ingredients

隔夜米饭	80g
虾仁	50g
八爪鱼	50g
鱿鱼圈	50g
煮蛋	半个
香菇	1 个
冬笋	1 小块
樱桃番茄	6 个
牛奶	200ml
即食麦片	少许

调味料

橄榄油	柠檬汁
盐	低钠酱油
低糖番茄酱	小香葱

做法 Method

❶ 香菇和冬笋切片，樱桃番茄对半切开；

❷ 炒锅烧热，加少许橄榄油，放入虾仁、八爪鱼、鱿鱼圈炒熟，加入低糖番茄酱和柠檬汁，拌炒一下后盛出备用；

❸ 重新热锅，倒一点油，将米饭炒至粒粒分明，加入炒好的海鲜、香菇、冬笋、樱桃番茄，撒少许盐，加少许低钠酱油，炒熟后即可出锅装盘；

❹ 在炒饭上撒一些小香葱，并摆入煮蛋；

❺ 牛奶中加入即食麦片，即可享用。

2017.6.2

BREAKFAST
1000 DAYS

—— 早餐 1000 天 ——

2017 年 6 月 2 日，我的早餐记录满 1000 天了。
最初开始记录早餐，只想着要坚持下去，并没有想过能做这么久，
而我现在有了一个新的目标，那就是 10000 天早餐不重样、不间断！
其实"不重样"现在对我来说没有多大挑战，
令我自豪的是，我至今未间断过做早餐！

Non-repeating breakfast in
1000
days

Non-repeating

BREAKFAST

CHARGE WU

—— in **10000** days

滑蛋三明治配火腿

像生菜这类可以生吃的沙拉叶菜，我会在前一天晚上洗好，然后泡在清水中，这样不但可以让菜叶看起来更加细嫩、清脆，也能去除更多的农药残余。早晨用的时候用甩干器甩干水分，如果没有甩干器，也可以用毛巾或厨房纸把菜叶包起来甩干。

材料 Ingredients

硬欧面包 ----------------- 2 块
鸡蛋 ------------------------ 1 个
瘦火腿 --------------------- 3 片
生菜 ------------------------ 2 叶
紫叶生菜 ------------------ 1 叶
樱桃番茄 ------------------ 2 个
牛奶 -------------------- 200ml

调味料

黄油	希腊酸奶
盐	黄芥末酱
黑胡椒	柠檬汁
辣椒碎	蜂蜜
欧芹碎	莳萝碎

做法 Method

❶ 硬欧面包入烤箱，120 摄氏度烤 6 分钟；

❷ 将希腊酸奶、黄芥末酱、蜂蜜、柠檬汁、莳萝碎和少量盐混合成沙拉酱装碟；

❸ 鸡蛋打成蛋液，加一点盐和牛奶，平底锅冷锅冷油，小火炒至嫩滑，盛出摆在烤好的硬欧面包上，撒少许黑胡椒、辣椒碎和欧芹碎；

❹ 火腿稍微煎一下，与生菜、紫叶生菜、樱桃番茄一起摆盘；

❺ 牛奶加热后冲调抹茶粉，即可享用。

Non-repeating breakfast in 10000 days

Gvoza

温暖的煎饺

北方的很多节日都会吃饺子，记得小时候妈妈经常会在早晨给我煎饺子作为早餐，当然这些饺子都是前一天晚上吃剩下的，所以并不是南方常见的生煎饺，而是煮熟后的饺子，而且每个面都要煎得焦焦的。我现在也会这么吃，但油会放得很少。

材料 Ingredients

煮熟的水饺 ------------------------ 6 个
煮蛋 ---------------------------------- 1 个
生菜 ---------------------------------- 3 叶
紫菊苣 ------------------------------- 2 叶
草莓 ---------------------------------- 2 个
柠檬 ---------------------------------- 1 片
牛奶 -------------------------------- 200ml
即食麦片 ---------------------------- 少许

调味料
橄榄油
香松

做法 Method

❶ 生菜和紫菊苣撕成小片，煮蛋切瓣，与草莓和柠檬一起摆盘；

❷ 平底锅烧热，加少许橄榄油，将水饺煎至每面金黄，撒少许香松调味，即可摆盘；

❸ 牛奶中加入即食麦片，即可享用。

TOAST

西多士配水果麦片酸奶

西多士也叫法式吐司，为什么会叫西多士呢？法国全称法兰西共和国，吐司的另一种音译为多士，所以法兰西多士就简称为西多士了。我们常见的西多士就是煎或烤过的裹满蛋液的吐司，有些还会夹入芝士或火腿。

材料 Ingredients

全麦吐司	1 片
瘦火腿	3 片
鸡蛋	1 个
煮蛋	半个
奶油生菜	2 叶
紫叶生菜	1 叶
樱桃番茄	3 个
柠檬	1 片
布朗	半个
酸奶	200g
烤麦片	少许
奇异果	半个
碧根果	1 个

调味料
牛奶
盐
黄油

做法 Method

❶ 将鸡蛋打成蛋液，加少许牛奶和盐备用；

❷ 奶油生菜和紫叶生菜切碎混合，布朗切片，与火腿、樱桃番茄、柠檬片、煮蛋一起摆盘；

❸ 全麦吐司对角切成两半，裹上打好的蛋液，放入有黄油的平底锅中，煎至两面金黄即可；

❹ 酸奶中加入奇异果、烤麦片、碧根果，即可享用。

BEEF NOODLES

经典卤牛肉汤面

我不喜欢吃外面的牛肉面，因为那真的是一碗"面"，不但肉少得可怜，蔬菜更是几乎没有，这样的面就算汤底再美味也仅仅是一碗"碳水化合物"。在家中就不一样了，前一晚卤好牛肉，早晨煮一碗香味浓郁、口感丰富的牛肉面，完美的一天开始了！

材料 Ingredients

拉面	50g
卤牛肉	100g
煮蛋	半个
北豆腐	30g
西蓝花	3 块
香菇	1 个
胡萝卜	4 片
甜橙	2 片
草莓	1 个

调味料

卤牛肉汤
盐
香菜
葱丝

做法 Method

❶ 香菇切十字花刀，与西蓝花、胡萝卜一起焯熟备用；

❷ 将草莓和甜橙摆盘；

❸ 在小锅中倒入剩下的卤牛肉汤，如果觉得汤太浓，可以加一点水，放入北豆腐，撒适量盐，用小火煮 2 分钟；

❹ 另用一锅开水将拉面煮熟，盛入碗中，摆入卤牛肉、北豆腐、西蓝花、胡萝卜、香菇和煮蛋，浇煮过北豆腐的卤牛肉汤；

❺ 在面上撒一些香菜和葱丝，即可享用。

Non-repeating

BREAKFAST

CHARGE WU

—— in **10000** days

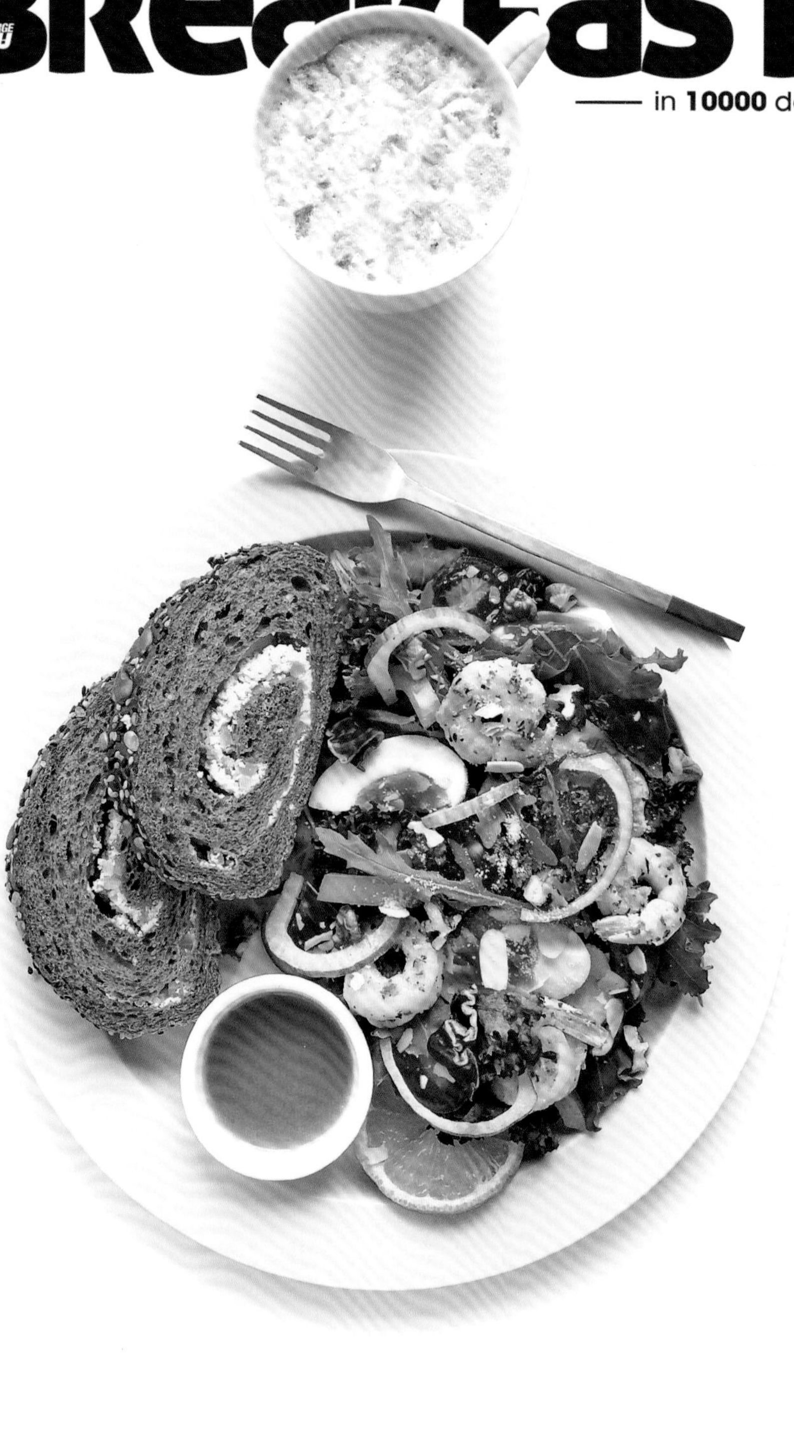

凤尾虾沙拉

我吃的面包大多都是比较健康的种类，但偶尔也会吃一些带有馅料的，虽然其热量会高一些，但是吃起来会很有幸福感。当然，每个人对"偶尔"的定义是不一样的，可能是几天，也可能是几个月，如果几个月才吃一次，那就完全不必担心热量了。

材料 Ingredients

高纤奶酪面包	50g
煮蛋	1个
凤尾虾仁	6个
羽衣甘蓝	4叶
紫叶生菜	2叶
芝麻菜	1小把
紫甘蓝	1叶
樱桃番茄	2个
黄彩椒	1小块
洋葱	1片
杏仁片	少许
核桃	1颗
柠檬	1片
脱脂牛奶	200ml
玉米片	少许
燕麦片	少许

调味料

马苏里拉干酪粉	鲜橙汁
红酒醋	盐
苹果醋	橄榄油
柠檬汁	意大利混合香料

做法 Method

❶ 面包切片摆盘；

❷ 羽衣甘蓝和紫叶生菜撕成小块，铺在盘底，依次摆入煮蛋（切瓣）、樱桃番茄、芝麻菜、紫甘蓝、黄彩椒、洋葱、柠檬片；

❸ 平底锅加热，倒少许橄榄油，将凤尾虾仁煎至两面变色，撒少许盐和意大利混合香料，盛出放入沙拉中；

❹ 继续在沙拉上加入杏仁片和核桃碎，最后撒一些马苏里拉干酪粉。

❺ 将红酒醋、苹果醋、柠檬汁、鲜橙汁和少量盐混合成沙拉汁。

❻ 脱脂牛奶中撒入玉米片和燕麦片，即可享用。

TAMAGOYAKI

和风豆腐、厚蛋烧、煎鸡胸肉配米饭

我比较喜欢日式的一些食物，它们小巧且精致。虽然米饭、鸡蛋、豆腐这类食材都很常见，
烹饪步骤也不算复杂，但我都会很用心地加入一些小细节。比如厚蛋烧，明明只是煎蛋
液，却有着和普通煎蛋饼不一样的口感和造型。

材料 Ingredients

米饭	100g
鸡胸肉	100g
鸡蛋	1 个
内酯豆腐	50g
生菜	1 叶
紫菊苣	1 叶
苦苣	1 叶
樱桃番茄	2 个
甜橙	2 片
酸奶	200g
蓝莓	6 颗
烤麦片	1 小把
混合坚果	1 小把

调味料

香松	日本酱油
海苔丝	盐
寿司酱油	橄榄油
淀粉	牛奶
味淋	柠檬汁

做法 Method

❶ 鸡胸肉加日本酱油、味淋和淀粉，腌制15分钟以上（最好前一天晚上放入冰箱腌制一夜）；

❷ 米饭用香松拌匀摆盘；

❸ 生菜、紫菊苣、苦苣混合，淋少许柠檬汁，与甜橙、樱桃番茄一起摆盘；

❹ 内酯豆腐切小块装入盘中，撒海苔丝和寿司酱油；

❺ 平底锅烧热，加少许橄榄油，煎腌好的鸡胸肉，5分钟左右煎至两面金黄即可，切片摆盘；

❻ 鸡蛋打成蛋液，加少许牛奶和盐；

❼ 烧热平底锅，锅底刷一层橄榄油，倒入40%的蛋液，待蛋液稍微凝固，用筷子从一边向后卷起，卷好后推到锅边，倒入剩下的60%蛋液，按照之前的步骤卷好即可，切块摆盘；

❽ 酸奶中加入蓝莓、烤麦片、混合坚果，即可享用。

GO SKATEBOARDING DAY

世界滑板日

6 月 21 日是世界滑板日，这个日子对大部分人来说很陌生，但对我却意义非凡。
十几年前，我开始喜欢滑板，它让我认识了许多至今都要好的朋友，
也带给了我很多美好的回忆，最重要的是，带给了我面对困难的勇气。
感谢滑板。

GO SKATE-BOARDING DAY JUNE 21

猫咪都爱的三文鱼法棍

我家有两只猫和一只狗，每到早餐吃鱼虾等它们喜欢的食物时，猫咪就会跳到饭桌上来"抢镜"，狗狗则一直在桌子底下转来转去。它们给我的早晨带来了很多乐趣，我会经常与它们共进早餐。

材料 Ingredients

法棍	2 块
三文鱼	2 片
煮蛋	1 个
芦笋	3 根
抱子甘蓝	2 个
樱桃番茄	2 个
口蘑	1 个
扁桃仁	4 粒
莳萝	1 小根
苹果	1 个

调味料

希腊酸奶
菲达奶酪
柠檬汁
蒜末
橄榄油

做法 Method

❶ 芦笋切段，抱子甘蓝对半切开，口蘑切片，一起下入开水中焯熟备用；

❷ 樱桃番茄对半切开，扁桃仁切碎，煮蛋切片；

❸ 将以上食材拌匀摆盘；

❹ 取少量莳萝切碎，菲达奶酪切碎，与希腊酸奶、蒜末、柠檬汁混合调成沙拉酱装碟；

❺ 法棍抹少量橄榄油，入烤箱，150 摄氏度烤 6 分钟，然后抹上调好的沙拉酱，摆入三文鱼和莳萝叶；

❻ 苹果切小块放入搅拌机，加水榨成苹果汁入杯，即可享用。

Non-repeating

BReAKFAST

CHARGE WU

—— in **10000** days

培根煎蛋卷饼

培根由猪肉熏制而成，一般都会被归为高热量食物，但如果仔细观察，会发现超市中的培根种类是很不一样的，有些脂肪含量在 30% 以上，而有些只有 7% 左右，所以偶尔选择一些精瘦的培根对减脂影响不大。有些人会觉得仅吃培根味道比较冲，那就可以试试将其卷在卷饼中，与其他食材混合着吃。

材料 Ingredients

卷饼皮	1 张
培根	4 片
鸡蛋	1 个
生菜	2 叶
紫叶生菜	1 叶
樱桃番茄	1 个
黄瓜	4 片
菲达奶酪	5 小块
酸奶	200g
烤麦片	1 小把
蓝莓	6 颗
巴旦木	3 粒

调味料
橄榄油
盐

做法 Method

❶ 卷饼皮放入微波炉加热 10 秒；

❷ 生菜、紫叶生菜撕成小块，樱桃番茄切片，与黄瓜片和菲达奶酪一起摆在卷饼皮上；

❸ 鸡蛋打成蛋液，加少许盐，热锅温油，倒入蛋液摊成蛋饼，摆在卷饼皮上；

❹ 平底锅不用放油，小火将培根煎至两面焦黄，摆在卷饼上，吃的时候卷起来即可；

❺ 酸奶中加入烤麦片、蓝莓和巴旦木，即可享用。

SQUID INK ONION BAGEL

Non-repeating breakfast in 365 days a year

墨鱼汁贝果汉堡

贝果面包是一种很健康的主食,其口感筋道,能使人产生较强的饱腹感,而且制作起来比普通面包更方便、省时,所以我的早餐群中有很多朋友都会自己做贝果,我也经常收到他们送的贝果大礼包。墨鱼汁贝果就是其中之一,它由 40% 全麦粉制成,无油无糖,非常健康。

材料 Ingredients

墨鱼汁贝果 ---------------------- 1 个
瘦火腿 ------------------------- 3 片
鸡蛋 --------------------------- 1 个
生菜 --------------------------- 1 叶
西红柿 ------------------------- 1 片
牛奶 -------------------------- 200ml
即食麦片 ----------------------- 少许

调味料
橄榄油
盐
花生酱

做法 Method

❶ 墨鱼汁贝果入烤箱,150 摄氏度烤 6 分钟;

❷ 取出烤好的贝果后将其切成两片,为下面一片涂抹花生酱,摆入生菜;

❸ 平底锅烧热,加少许橄榄油,煎一下西红柿和火腿,摆入贝果中;

❹ 鸡蛋打成蛋液,加少许盐,热锅温油,利用模具将蛋液摊成圆形蛋饼,摆入贝果中即可;

❺ 牛奶中加入即食麦片,即可享用。

NON-REPEATING BREAKFAST IN 10000 DAYS

UDON

牛肉炒乌冬面

乌冬面的热量会比普通面条低一些，而且吃起来口感爽滑、弹性十足，是我很喜欢的一种面食。而这种日式风味的炒乌冬我就更爱了，它的精髓就在于味淋和日本酱油这些日式调味料。味淋可以理解为一种带甜味的料酒，日本酱油通常会比我们常吃的酱油味道清淡一些。

材料 Ingredients

乌冬面 ------------------------ 50g
牛肉片 ------------------------ 120g
煮蛋 -------------------------- 1 个
青椒 -------------------------- 半个
红彩椒 ------------------------ 半个
洋葱 -------------------------- 1 小块
牛奶 -------------------------- 200ml
即食麦片 ---------------------- 少许

调味料

橄榄油
盐
味淋
日本酱油
香松

做法 Method

❶ 青椒、红彩椒、洋葱切丝，牛肉片焯水后备用；

❷ 乌冬面下入开水中煮 3 分钟，捞起后过凉水备用；

❸ 热锅温油，放入牛肉片炒香，接着放青椒、红彩椒和洋葱丝拌炒，加味淋、日本酱油和少许盐，最后放乌冬面，拌炒均匀即可装盘；

❹ 煮蛋切瓣后摆在炒乌冬面上，撒适量香松；

❺ 牛奶中加入即食麦片，即可享用。

scone

无糖全麦司康配煎虾沙拉

司康是一种英式点心,由于它不需要像面包那样长时间发酵,制作起来比较方便、省时,而且司康的口感并不追求精致、细腻,所以很适合选用健康的全麦面粉来做。
虽然我改良后的司康不如外面买的那么香甜,但对于习惯健康饮食的人来说,它是一种非常美味的甜品。下面介绍的司康做法并不是一人份的量,我大概可以吃 5 次,吃不完的部分可以冷冻保存。

材料 Ingredients

全麦面粉	250g
鸡蛋	2 个
蛋白棒	1 根
杏仁	25g
蓝莓	90g
牛奶	120ml
对虾	6 只
生菜	1 叶
紫甘蓝	1 叶
樱桃番茄	3 个
酸奶	200g
混合麦片	少许
草莓	1 个

调味料

橄榄油	泡打粉
盐	红糖
黄油	意式香料

做法 Method

❶ 全麦面粉中加入 2g 盐、3g 泡打粉混合均匀;

❷ 蛋白棒和 20g 黄油切成小块,混入面粉中,并将黄油搓成小颗粒,用面粉包裹;

❸ 将蓝莓和杏仁加入面粉中搅匀;

❹ 将 1 个鸡蛋打成蛋液,与牛奶和 15g 红糖混合后加入面粉中,大致搅拌即可;

❺ 将面团放在砧板上,按压成厚 2 厘米左右的饼状,对切成三角形的小块,并在表面涂一些蛋液;

❻ 入烤箱用 180 摄氏度烤 20 分钟即可;

❼ 将烤好放凉后的司康与生菜、紫甘蓝、樱桃番茄一起摆盘;

❽ 平底锅加热,倒少许橄榄油,放入开背去虾线的对虾,煎至两面金黄后,撒少许盐和意式香料,即可装盘;

❾ 将另一个鸡蛋打成蛋液,加一点盐,平底锅冷锅冷油,小火炒至嫩滑,盛出摆盘;

❿ 酸奶中加入混合麦片、蓝莓和草莓,即可享用。

BREAKFAST

CHARGE WU

香菇菠菜鸡肉粥配煎豆腐

很多人会觉得早晨煮粥太费时间了，尤其是食材丰富的粥更费时间。其实这种粥可以分为两个步骤：第一天晚上煮好白粥；第二天早晨加入其他食材，再煮十几分钟就可以了。这样既可以省时，还能尽可能保证食材新鲜。像菠菜这种绿叶菜尽量最后放入，以免把粥染绿。

材料 Ingredients

大米	30g
鸡胸肉	50g
鸡蛋	2 个
鸡蛋豆腐	100g
奶油生菜	2 叶
紫叶生菜	1 叶
樱桃番茄	3 个
香菇	1 个
胡萝卜	1 小段
菠菜	1 小把
柠檬	1 片

调味料

淀粉	橄榄油
柠檬汁	海苔丝
盐	木鱼花
姜丝	鲣鱼香松

做法 Method

❶ 大米在清水中浸泡半小时（可提前泡好）；

❷ 鸡胸肉切小块，加盐、柠檬汁、淀粉，腌制 10 分钟以上；

❸ 两个鸡蛋打成蛋液，加少量淀粉备用，香菇切片，胡萝卜切丁，菠菜焯熟、切段备用；

❹ 奶油生菜和紫叶生菜切碎拌匀，与樱桃番茄、柠檬片一起摆盘；

❺ 大米放入加水的锅中，米和水的比例大概为 1∶10，煮 30 分钟，煮制期间多搅拌几次，以防粘锅；

❻ 将香菇片、胡萝卜丁、姜丝和腌好的鸡胸肉倒入锅中，加盐和几滴橄榄油，再煮 10 分钟，加入菠菜，搅拌均匀即可；

❼ 鸡蛋豆腐切块，裹上打好的蛋液，放入加有橄榄油的煎锅中，小火煎至两面金黄，即可装盘，撒少许鲣鱼香松、木鱼花和海苔丝；

❽ 将剩余的蛋液炒熟装盘，即可享用。

CHINESE
VALENTINE'S DAY
七夕

七夕这天，情侣的庆祝方式大多离不开美食，吃与爱分不开。
去高级餐厅或在家下厨，不会影响爱的多少。
两个人一起生活久了，会觉得在家做一桌普通饭菜来度过情人节，是另一种幸福。
我老婆对花粉过敏，所以我从来没送过花给她，
但三文鱼做成的花束也许一样可以表达我的这份爱意。

Chinese
Valentine's
D

GUACAMOLE

牛油果酱面包配烟熏三文鱼沙拉

烟熏三文鱼会比新鲜三文鱼多一些盐，但是方便食用和储存，有点像火腿与鲜肉的区别。虽然烟熏三文鱼有些咸，但我们可以用它来搭配那些味道淡的健康食物，如沙拉菜，这样偶尔食用也是没有问题的。

材料 Ingredients

全麦面包	2 片
烟熏三文鱼	50g
煮蛋	1 个
牛油果	半个
波士顿奶油生菜	2 叶
紫菊苣	2 叶
樱桃番茄	2 个
柠檬	1 片
脱脂牛奶	200ml
即食麦片	少许

调味料

黑胡椒	盐
蒜末	苹果醋
柠檬汁	蜂蜜
罗勒碎	
牛奶	

做法 Method

❶ 全麦面包入烤箱，120 摄氏度烤 5 分钟；

❷ 煮蛋对半切开，波士顿奶油生菜和紫菊苣撕碎，樱桃番茄对半切开，三种食材混合拌匀，与柠檬片、煮蛋、烟熏三文鱼一起摆盘；

❸ 将苹果醋、柠檬汁、蜂蜜、盐和水混合，调成沙拉汁装碟；

❹ 将牛油果捣成泥，加入黑胡椒、蒜末、柠檬汁、罗勒碎、盐和少许牛奶，调成牛油果酱；

❺ 取出烤好的面包，均匀涂抹牛油果酱，摆入盘中；

❻ 脱脂牛奶中加入即食麦片，即可享用。

BREAKFAST
NICE BODY

CHARGE
WU

Non-repeating breakfast in 10000 days

牛肉火腿卷饼

卷饼和三明治、汉堡一样，都是把所有食材聚合在一起来食用，每一口都可以吃到全部食材，营养也可以很均衡。但卷饼相对来说更加"万能"，因为它就像一个兜，里面装各种丝状或块状的食物也不会露。卷饼皮可以买现成的，也可以一次性做很多，然后冷冻保存。

材料 Ingredients

卷饼皮	1 张
鸡蛋	1 个
牛肉火腿	2 片
罗马生菜	2 叶
西蓝花	2 块
胡萝卜	2 片
樱桃番茄	3 个
酸奶	200g
烤麦片	少许
麦圈	少许
蜜红豆	少许

调味料
橄榄油
盐
花生酱

做法 Method

❶ 西蓝花和胡萝卜在开水中焯熟，与樱桃番茄一起摆盘；

❷ 卷饼皮放入微波炉加热 10 秒；

❸ 在卷饼皮上涂抹花生酱，摆入罗马生菜；

❹ 鸡蛋打成蛋液，加少许盐，热锅温油，倒入蛋液摊成蛋饼，摆在卷饼皮上；

❺ 平底锅不用放油，煎一下牛肉火腿，放在卷饼上；

❻ 将卷饼卷好，中间斜切一刀，分为两卷摆盘；

❼ 酸奶中加入烤麦片、麦圈和蜜红豆，即可享用。

Non-repeating breakfast in 10000 days

WAFFLE

低脂高蛋白的草莓蛋白华夫饼

像华夫饼和松饼这些食物，一般都被大家视为甜品，减脂的时候就不太敢吃了，但我的做法中是不会放糖的，而是用蛋白粉代替。蛋白粉中用的都是调味剂或代糖，其热量很低，而且还能提供大量的蛋白质。不健身的人可能对蛋白粉有一些疑问，其实它只是用来补充蛋白质而已，食用正常分量的蛋白粉是不会有问题的。

材料 Ingredients

低筋面粉	40g
草莓蛋白粉	30g
鸡蛋	2 个
草莓	2 个
奇异果	半个
蓝莓	7 个
腰果	4 粒
希腊酸奶	50g
牛奶	300ml
即食麦片	少许

调味料

橄榄油
盐
泡打粉

做法 Method

❶ 低筋面粉、草莓蛋白粉、鸡蛋与 100ml 牛奶混合，加 1g 盐和 1g 泡打粉搅拌均匀；

❷ 将搅匀的面糊倒入预热好的华夫饼机中，烤至两面呈深黄色即可取出摆盘；

❸ 在华夫饼上倒入希腊酸奶，摆入草莓、奇异果、蓝莓和腰果碎；

❹ 鸡蛋打成蛋液，加一点盐，平底锅冷锅冷油，倒入蛋液，小火炒至嫩滑，盛出摆盘；

❺ 牛奶中加入即食麦片，即可享用。

鸡胸肉时蔬意面

意大利面（简称意面）是减脂时推荐的主食之一，因为它是由硬质小麦粉制成的，相比用精细面粉做的普通面条更加健康。我做意面的方法和炒面差不多，都是先煮面，然后和其他食材一起拌炒，这样只需加一些盐或黑胡椒等调味料即可，不必像传统意面那样配酱，可以大大降低热量。

材料 Ingredients

意面 ----------------------------- 50g
鸡胸肉 -------------------------- 120g
煮蛋 ------------------------------ 1 个
樱桃番茄 ------------------------- 6 个
甜豆 ------------------------------ 6 根
蟹味菇 ------------------------ 1 小把
洋葱 ------------------------------ 1 片
黄彩椒 ------------------------ 1 小块
菠菜 ------------------------- 1 小把

调味料

橄榄油　　　　　柠檬汁
盐　　　　　　　黑胡椒
淀粉　　　　　　意大利混合香料

做法 Method

❶ 鸡胸肉切块，加盐、柠檬汁、黑胡椒和淀粉腌制 15 分钟以上；

❷ 烧一锅开水，加少量橄榄油和盐搅匀，放入意面，煮 10 分钟；

❸ 甜豆切段焯熟，菠菜焯熟，樱桃番茄对半切开，黄彩椒和洋葱切丝，蟹味菇去根备用；

❹ 平底锅加热，倒少许橄榄油，放入腌好的鸡胸肉，煎至两面微微变色，再加入甜豆、樱桃番茄、黄彩椒、洋葱、蟹味菇，炒至 8 成熟时放入煮好的意面，加盐、意大利混合香料和黑胡椒调味，搅拌均匀即可出锅；

❺ 煮蛋对半切开，并摆在面上，即可享用。

Non-repeating

BREAKFAST

CHARGE
WU

in **10000** days

煎牛排沙拉

其实我早晨是很少吃牛排的,牛身上能用来煎的部位比较少,又嫩又瘦的部位就更少了,所以价格都比较高,如菲力牛排。我喜欢吃3分熟左右的牛肉,不好的部位就很难嚼、不易消化。所以我只是偶尔买一些好的牛排来做早餐。

材料 Ingredients

全麦面包	50g
牛排	120g
煮蛋	1个
樱桃番茄	5个
羽衣甘蓝	1叶
生菜	1叶
紫菊苣	1叶
酸奶	200g
草莓	2个
即食麦片	少许

调味料

橄榄油	希腊酸奶
盐	黄芥末酱
黑胡椒	红酒醋
迷迭香	柠檬汁
辣椒碎	

做法 Method

❶ 牛排加盐(最好是海盐)、迷迭香和黑胡椒腌制15分钟以上;

❷ 全麦面包入烤箱,120摄氏度烤5分钟;

❸ 将希腊酸奶、黄芥末酱、红酒醋、柠檬汁、盐混合,调成沙拉汁装碟;

❹ 煮蛋切瓣,生菜、羽衣甘蓝、紫菊苣撕成小块,樱桃番茄对半切开;

❺ 平底锅加热,倒少许橄榄油,油稍稍冒烟时放入腌好的牛排,每面煎1~2分钟即可,出锅后静置几分钟;

❻ 将牛排切片,与煮蛋、生菜、羽衣甘蓝、紫菊苣、樱桃番茄一起摆盘,撒少许辣椒碎;

❼ 酸奶中加入即食麦片和草莓,即可享用。

CONGEE

NON-REPEATING BREAKFAST IN 10000 DAYS

紫薯粥配炒蛋与煎蔬菜

我平时如果做有肉有菜的粥，就会像炒饭那样放很多食材，以保证营养的均衡；如果是做紫薯粥这种只有主食的粥，就会多搭配一些菜和肉来吃。如果觉得煮好的紫薯粥颜色不够鲜亮，可以加一点柠檬汁或白醋，效果会很明显。

材料 Ingredients

大米	30g
紫薯	30g
鸡蛋	2 个
瘦火腿	2 片
迷你胡萝卜	2 根
抱子甘蓝	4 个
香菇	1 个
黄彩椒	1 小块
樱桃番茄	2 个
洋葱	1 小块
核桃碎	少许
蔓越莓干	少许

调味料

橄榄油
盐
黑胡椒

做法 Method

❶ 大米在清水中浸泡半小时（可提前泡好）；

❷ 紫薯去皮，切成小块，与大米一起放入锅中，加入大概 10 倍于大米的水，煮 40 分钟，煮制期间多搅拌几次，以防粘锅；

❸ 抱子甘蓝和樱桃番茄对半切开，香菇、黄彩椒和洋葱切块；

❹ 平底锅烧热，加橄榄油，放入迷你胡萝卜和抱子甘蓝，煎至 6 成熟后放入香菇、黄彩椒、洋葱和樱桃番茄，加少许盐和黑胡椒，煎熟即可；

❺ 两个鸡蛋加盐打成蛋液，热锅温油，炒熟后与火腿一起摆盘；

❻ 将煮好的紫薯粥盛入碗中，加少许核桃碎和蔓越莓干，即可享用。

12.25

CHRISTMAS DAY

—————— 圣诞节 ——————

每到年底的时候，人们总是忙得焦头烂额，
快乐的节日会给我们烦躁的情绪些许安慰。
圣诞节虽然是西方的节日，国内也不会放假，
但我们还是会对它满怀期待，
满街都布置得红红绿绿，火树银花，如童话一般。
礼物、聚会、晚餐…
在一年最冷的日子里，这样的节日让人感到温暖。

MERRY **XMAS** ———— 2016

CHARGE
WU

Non-repeating breakfast in 365 days a year

ALL BREAKFAST
FOR NIC ODY
JOY

CHARGE
WU

香蕉坚果法棍配香煎低脂猪排

烤过的面包上加花生酱、香蕉和坚果，这是我非常喜欢的一个搭配，香甜的味道能使人产生幸福感，而且非常适合早晨有运动习惯的人。花生酱我会选择无盐无糖或低盐低糖的，猪排是脂肪含量很低的，与牛排相差无几。

材料 Ingredients

法棍	2 块
猪排	100g
煮蛋	1 个
西蓝花	1 块
紫甘蓝	1 叶
黄彩椒	1 块
樱桃番茄	2 个
香蕉	8 片
巴旦木	5 粒
牛奶	200ml
即食麦片	少许

调味料

橄榄油	味淋
盐	柠檬汁
黑胡椒	花生酱
寿司酱油	
芥末油	

做法 Method

❶ 猪排加盐和黑胡椒腌制 15 分钟以上；

❷ 法棍入烤箱，150 摄氏度烤 6 分钟；

❸ 西蓝花掰成小块焯熟，樱桃番茄对半切开，紫甘蓝与黄彩椒切小块，煮蛋对半切开，一起摆盘；

❹ 将寿司酱油、味淋、芥末油、柠檬汁和少许水混合，调成沙拉汁装碟；

❺ 烤好的法棍上涂抹花生酱，摆入香蕉片和巴旦木碎；

❻ 平底锅烧热，加橄榄油，将猪排煎至两面金黄即可摆盘；

❼ 牛奶中加入即食麦片，即可享用。

Non-repeating
BREAKFAST
CHARGE WU

— in **10000** days

柠香清蒸小黄鱼配窝窝头

这份早餐烹饪的步骤比较多，但所有步骤都是在早晨完成的，甚至连小黄鱼开膛、去鳞
也是而且所有步骤花费的总时间会控制在40分钟左右这就需要我们合理地安排时间，
要充分利用有些可以同时操作的步骤来节约时间，如蒸鱼和煮汤就可以同时进行。

材料 Ingredients

窝窝头 ----------------------- 1 个
鸡蛋 ----------------------- 2 个
小黄鱼 ----------------------- 1 条
西红柿 ----------------------- 1 小块
口蘑 ----------------------- 1 个
北豆腐 ----------------------- 1 小块
芦笋 ----------------------- 3 根
秋葵 ----------------------- 2 根

调味料

蒜　　　　　　蒸鱼豉油
小香葱　　　　柠檬汁
黑胡椒　　　　香菜
盐　　　　　　淀粉
橄榄油

做法 Method

❶ 将小黄鱼处理干净，加少许柠檬汁和盐腌制 10 分钟；

❷ 一个鸡蛋煮熟，另一个鸡蛋打成蛋液备用；

❸ 口蘑切片，西红柿和北豆腐切小块，芦笋和秋葵切段，蒜一半切末，一半切片；

❹ 烧一小锅开水，放入切好的西红柿和口蘑，煮开后转小火，将淀粉加水调匀，倒入锅中，并加适量盐，接着慢慢倒入蛋液，边倒边用筷子在锅中搅拌，倒完关火即可；

❺ 将腌好的小黄鱼放入小碟内，加蒜片和柠檬片，倒少许蒸鱼豉油，将小碟放入烧开水的蒸锅内，蒸 8 分钟即可；

❻ 平底锅烧热，加少量橄榄油，放蒜末炒香，然后放入北豆腐、芦笋和秋葵，加盐和黑胡椒拌炒，出锅时撒少许小香葱即可；

❼ 将窝窝头和煮蛋对半切开并装盘，蒸好的小黄鱼上撒一些香菜和小香葱，即可享用。

BAGUETTE

蒜香法棍配牛油果烤蛋

像蒜香法棍这种食物制作起来几乎零失误，只要不烤糊就很美味，但是制作像牛油果烤蛋这样的食物就需要一些技巧了，如果做得不好，吃起来像嚼塑料。所以有些食物不要因为第一次做得不好吃就放弃，也许只是自己厨艺的问题，多尝试几次就好了。

材料 Ingredients

法棍 ----------------------------- 2 块
鸡蛋 ----------------------------- 1 个
牛油果 --------------------------- 半个
瘦火腿丁 ------------------------- 少许
罗马生菜 ------------------------- 2 叶
紫叶生菜 ------------------------- 2 叶
芝麻菜 --------------------------- 少许
樱桃番茄 ------------------------- 4 个
菲达奶酪 ------------------------- 1 小块
扁桃仁 --------------------------- 5 粒
柠檬 ----------------------------- 1 片
脱脂牛奶 ------------------------- 200ml
燕麦圈 --------------------------- 少许

调味料

法香碎   盐
蒜末   欧芹碎
橄榄油

做法 Method

❶ 将法香碎、蒜末、橄榄油和少量盐混合，均匀涂抹在法棍上（可以用黄油代替橄榄油，这样味道更美），入烤箱，150 摄氏度烤 6 分钟；

❷ 罗马生菜、紫叶生菜、芝麻菜撕碎，樱桃番茄对半切开，菲达奶酪切小块，扁桃仁切碎，以上几种食材混合拌匀，与柠檬片一起摆盘；

❸ 将牛油果挖去一部分果肉，给将要放入的鸡蛋多留一些空间；

❹ 鸡蛋打入碗中，用勺子将蛋黄和少量蛋白盛入牛油果中，放入烤箱，180 摄氏度烤 6 分钟后取出，这时的蛋液已基本定型，撒入瘦火腿丁和欧芹碎，再烤 5 分钟即可；

❺ 脱脂牛奶中加入燕麦圈，即可享用。

FUSSILI

NON-REPEATING BREAKFAST IN 10000 DAYS

"Help me, Obi-Wan Kenobi.
You're my only hope."

鲜虾芦笋炒三色螺丝意面

意面的种类有很多,我偶尔也会选择一些有新鲜造型的意面,如三色螺丝意面,红色的用了番茄汁,绿色用了菠菜汁,再加上原味的白色,也正好凑齐了意大利国旗的颜色:绿、白、红。色彩丰富的早餐会给我们带来一天的好心情。

材料 Ingredients

三色螺丝意面 ----------------- 50g
虾仁 ----------------------------- 100g
煮蛋 ------------------------------- 1 个
芦笋 ------------------------------- 4 根
冬笋 --------------------------- 1 小块
红尖椒 ------------------------ 1 小块
洋葱 --------------------------- 1 小块
牛奶 ----------------------------- 200ml

调味料

橄榄油   黑胡椒
盐   意式香料
蒜末   欧芹碎
柠檬汁

做法 Method

❶ 烧一锅开水,加少量橄榄油和盐搅匀,放入三色螺丝意面,煮 13 分钟;

❷ 芦笋切段,冬笋和红尖椒分别切片和切圈,洋葱切小块,煮蛋切瓣备用;

❸ 平底锅加热,倒少许橄榄油,炒香蒜末,放入虾仁翻炒,变色后加入芦笋、冬笋、红尖椒、洋葱,炒至 8 成熟时放入煮好的三色螺丝意面,加盐、柠檬汁、意式香料和黑胡椒调味,搅拌均匀即可出锅;

❹ 在面上摆煮蛋,撒少许欧芹碎;

❺ 牛奶倒入杯中,即可享用。

Non-repeating
BREAKFAST
CHARGE WU

in **10000** days

香酥鸡大腿配黑面包

除了鸡胸肉和鸡小腿（琵琶腿）之外我偶尔也会吃鸡大腿，鸡大腿的脂肪含量略高一些，处理的时候记得一定要去皮。对于比较厚的肉，我都会用先煎后烤的方法来做：先煎一下可以使表面金黄焦脆，色泽诱人；后烤可以让肉熟得更透，表面又不会过于焦煳。

材料 Ingredients

坚果仁黑面包	2 片
鸡大腿	1 个
鸡蛋	1 个
西蓝花	2 块
牛油果	半个
樱桃番茄	3 个
黄樱桃番茄	2 个
紫玉番茄	2 个
酸奶	200g
火龙果	1 小块
奇异果	半个
即食麦片	少许

调味料

橄榄油	黑胡椒
盐	罗勒碎
低钠酱油	牛奶
料酒	蒜末
淀粉	辣椒碎
柠檬汁	

做法 Method

❶ 鸡大腿去皮，划几个斜刀，加入低钠酱油、料酒、黑胡椒和淀粉，腌制 15 分钟以上；

❷ 坚果仁黑面包入烤箱，150 摄氏度烤 6 分钟；

❸ 西蓝花焯熟，与 3 种小番茄一起摆盘；

❹ 将牛油果捣成泥，加入黑胡椒、蒜末、柠檬汁、罗勒碎、盐和少许牛奶，调成牛油果酱装碟；

❺ 平底锅烧热，加少许橄榄油，将腌好的鸡大腿煎至表面金黄，放入烤箱，200 摄氏度烤 20 分钟，取出后撒少许辣椒碎装盘；

❻ 平底锅烧热，热锅温油，小火煎一个鸡蛋，快出锅时撒少量盐，摆入盘中；

❼ 酸奶中加入奇异果、火龙果和即食麦片，即可享用。

BEEF RICE

和风牛肉饭

我发现很多人习惯把牛肉片称为肥牛片,其实牛肉片不一定就是肥的,有些超市或肉铺是有比较瘦的牛肉片的。如果实在买不到瘦牛肉片,可以在烹饪前把牛肉片肥的部分切掉不要,因为每一片肥的部分位置都基本一样,所以还是比较好处理的,这样就可以变成健康的牛肉片了。

材料 Ingredients

米饭 ----------------------------- 100g
牛肉片 --------------------------- 120g
煮蛋 ----------------------------- 半个
小油菜 --------------------------- 1 颗
香菇 ------------------------------ 1 个
胡萝卜 --------------------------- 3 片
玉米粒 --------------------------- 少许
白洋葱 --------------------------- 1/3 个
牛奶 ----------------------------- 200ml
抹茶粉 --------------------------- 少许

调味料

橄榄油
味淋
日本酱油
香松

做法 Method

❶ 牛肉片焯水,去浮沫后捞出备用;

❷ 米饭装入盘中,撒适量香松;

❸ 香菇切十字花刀,与小油菜、胡萝卜、玉米粒一起焯水装盘;

❹ 将日本酱油、味淋加水混合,比例依次为 1:2:2;

❺ 热锅温油,放入切成条的白洋葱炒香,倒入刚刚调好的调味汁,待白洋葱煮软后加入牛肉片,拌炒几下即可出锅;

❻ 将炒好的牛肉片摆入盘中,并加入煮蛋;

❼ 牛奶加热后冲调抹茶粉,即可享用。

THE SPRING FESTIVAL
春节

春节是中国人最重视的传统节日，我们都会准备最丰盛的美食来庆祝。
虽然全国各地的习俗不太一样，但大鱼大肉基本是春节的"标配"。
在春节的时候变胖，对我们来说也在所难免。
我小时候的春节都是在爷爷家过的，一大家子人非常热闹。
爷爷曾经做过厨师，是很讲究吃的人，
每逢春节都会准备很多美食，记忆中除了各种鸡鸭鱼肉，
少不了的还有用黄米面做的年糕，软软黏黏的，非常美味。

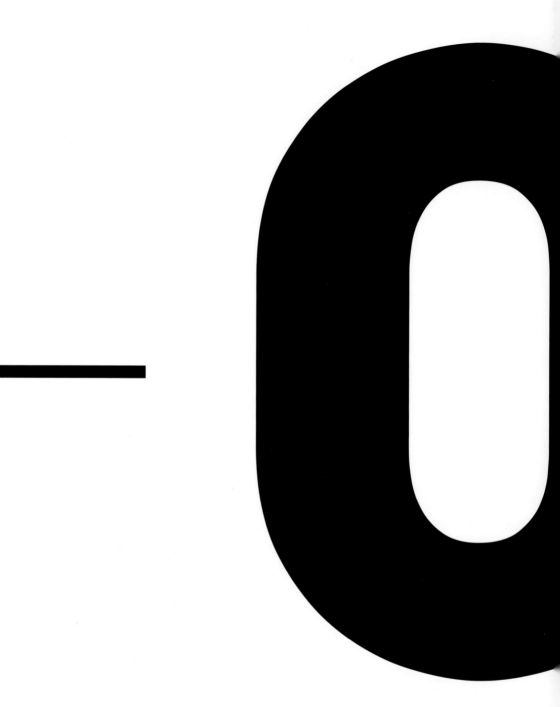

04

Breakfast
Recipes

摆盘

FOOD PRESENTATION

摆盘，以设计师的视角

如果健康、美味的食物还能足够好看，那就可以称得上完美了，这样的食物也一定可以带给我们享受和快乐。

有些人会觉得只是吃饭而已嘛，摆那么好看有什么用？费时费力，反正马上就要被吃掉的。还有人觉得好看的食物多半不好吃，因为大部分精力一定都用到了外表上。但无论是什么想法，我从没听过有人说：我不喜欢吃好看的食物，我就喜欢吃丑的食物。人们都是喜欢美好的事物的，所以如果有机会，还是可以学习一下如何更美地呈现食物，这也是爱自己、爱生活的表现。

我是一名设计师，也是从小就很爱美的人，所以摆盘的时候自然会用到多年来设计和美学方面所学的知识，但大多数时候都是凭着感觉在做，直到要写这本书的时候，才开始总结自己的一些经验和心得。下面要讲的就是我觉得对于大部分初学者来说很有帮助的几个摆盘要点。一起来试试看吧。

01 比例

我的早餐大多以一个大盘子承载各种食物，所以我会把这盘食物看作一个整体。首先要注意的就是餐盘与其中食物的比例，食物占餐盘的面积越大，给人的感觉就会越丰盛，越少则越精致。

提到摆盘，我们可能最先想到的就是那些精致的西餐，其中的食物往往只占餐盘的 40%，甚至更小的面积，这种奢侈的大面积留白，会给人精致、高贵的感觉。我的习惯是让食物占盘子的 60% ~ 80%，装太满会显得不够精致，太少则很难保证吃得饱和营养均衡。

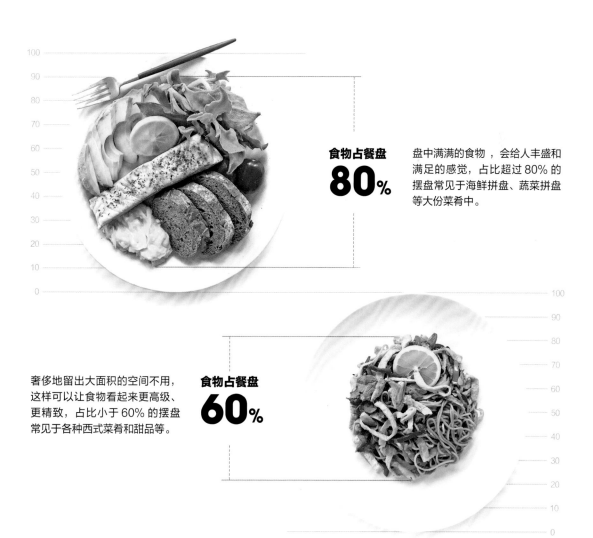

食物占餐盘
80%

盘中满满的食物，会给人丰盛和满足的感觉，占比超过 80% 的摆盘常见于海鲜拼盘、蔬菜拼盘等大份菜肴中。

奢侈地留出大面积的空间不用，这样可以让食物看起来更高级、更精致，占比小于 60% 的摆盘常见于各种西式菜肴和甜品等。

食物占餐盘
60%

02 重复

在摆盘时重复其中的一些元素，比如食材的大小、颜色、样式等，这样看起来会更有条理、整体统一，从而增强视觉效果。其实这种方式我们在日常生活中也经常使用，比如将黄瓜切成同样大小和厚度，整齐、规律地排列起来，这就是生活中最常见的"重复"，也是我们理解中最直观的"摆盘"。

想要一致，那就该绝对一致

这碗面中的猪肝、胡萝卜和辣椒都切成了同样大小，整齐、规律地向同一方向排列开，这是十分常见的摆盘方式。如果想达到这种像"复制粘贴"一样的效果，那就要尽量让食材的大小和厚度等相似点保持绝对一致，这样才能最大限度地增强视觉效果。试想这几种食材如果切得薄厚不一，摆放得歪七扭八，那将是多么糟糕。

重复不只是完全相同的

虽然盘中的 6 份食物，无论是食材还是颜色，看起来都各不相同，但它们的底部都有同样大小的一块饼，而且很有规律地排列着，这样的摆盘同样会给我们整体统一的感觉。所以除了重复完全相同的食材外，我们还可以巧妙地利用某一种鲜明的元素来保持一致性。要注意的是，重复的元素要足够明显，不然还是无法达到重复的效果。

避免呆板

虽然"重复"是非常实用且常见的表现形式，但也正是因为太过于常见，使它很容易变得平平无奇甚至呆板。比如在一盘食物周围摆一圈黄瓜片——就算黄瓜切得再精细，摆得再整齐，也很难给人惊喜，这个时候我们根本不想去思考它到底美不美。我们需要在重复中多出现一些变化，并与其他表现形式结合使用。

03 对比

对比可以使盘中的食物层次分明，更具吸引力。有大才有小，有明才有暗，有繁才有简。如果你想使用对比，那就尽量做得明显一些，不然就容易含糊不清。我最初做早餐的时候，经常会提前想好要做的食物，各种三明治、肉、沙拉，在想象的画面里都很完美，而且每样做出来的效果也都不错，但一摆盘就会感觉很糟糕，这就是因为每种食物都过于丰富多彩，摆在一起会互相抢视线，便没有了重点，给人乱糟糟的感觉。

对比有很多种方式，比如大小、明暗、繁简、不同造型等，我们往往会将几种对比结合在一起使用，但要注意别用得太过火，不然太多的对比反而会变成没有对比。

✔ 有了对比的摆盘更具吸引力

这盘食物中沙拉的食材和色彩都比较丰富，很抢眼，那旁边就可以放两片简单的面包，而且色彩和所占面积都会弱于沙拉；另外装酱汁的小碟和大盘子也产生了大小的对比。这些对比让食物的排列看起来更有节奏感，更吸引人。

忽略对比可能会很糟糕 ✘

盘中有开放三明治、蔬菜沙拉、香椿炒蛋三个部分，虽然其中没有任何重复的食材，每个部分也都很用心，但都过于繁琐，明暗度和所占面积也都太相似了，远远看去就是模糊的一团，失去了焦点。

04 色彩

我们都知道，色彩是一门很深的学问，但与绘画中的调色不同，大部分食物都有其固有的颜色，只要我们记住一些色彩搭配的规律，摆盘时就可以有迹可循了。

互补色

常见的互补色有三组：红绿互补，黄紫互补，蓝橙互补，这些颜色搭配起来会有很强的视觉冲击力，只要运用得当，就可以使我们的摆盘更加精彩。

红绿搭配是我的早餐中最常见的，只要让两种颜色的面积差异大一些，就会很和谐：比如一把绿叶菜配两颗樱桃番茄；或者像草莓这种本身就是天然的"红绿配"，绝对不会有"土"的感觉。

黄紫搭配在摆盘中的效果非常显著，经常会给人香甜可口的感觉。这碗紫薯酸奶和几块芒果的明度比较统一，其中还加了一些黑白这种中性色做调和，并以红色点睛，整体看起来更丰富自然。

蓝橙搭配不算常见，因为很少有蓝色的食材，所以我经常用蓝色餐具来搭配橙色占比较大的食物，比如煎蛋、西多士、煎三文鱼、橙子等。盘子的明度比食物低一些，可以更好地突出美食。

冷色与暖色

冷色是给人清爽和冰冷感觉的颜色，暖色是给人温暖和亲切感觉的颜色。
在常见食物中，除了绿色属于冷色，其他基本都是暖色的。我通常会选择以暖色为主、冷色为辅的搭配，因为暖色会让食物看起来更诱人，更让人有食欲，而冷色则起到衬托的作用。以冷色为主的搭配，一般用在夏季的冰爽食物或减脂餐当中。

在我看来，70% 左右的暖色搭配 30% 左右的冷色，就是非常标准的美食摆盘，暖色中要有尽量多一些的变化，黄色和橙色为主的颜色可以多一些，而像红色这种特别浓烈的颜色要少一点。

05 立体感

虽然我们吃的食物都是有体积的，但摆盘的时候还是存在立体感的问题。在刚学习摆盘的时候，很多人都会在盘中"作画"，摆一些很平面化的造型，所有食材都摆得平平的，这样最多也就算有一个"浮雕效果"。

我们可以把盘中的食物当作一组雕塑，摆出空间感和体积感，让它无论从哪个角度上看，都同样美好，这样的摆盘会更有视觉冲击力。当然，不一定真的要把所有食物都堆得很高才叫有立体感，就算是几片黄瓜，改变它们的厚度和叠加方式，都可以得带来不同效果的立体感。

增加层次感

几种食物放在一起的时候，我们可以让它们看起来关系很紧密，相互叠搭，相互遮挡，这样即便是很简单的食物，看上去也会更有层次感和空间感，也更吸引人。

菜叶的空气感

在摆放沙拉菜叶的时候，尽量不要让菜叶之间太过紧密，多留一些空间，这样摆出来的沙拉会更有灵气和生命力，就像很多人喜欢的空气感发型，充满活力。这种立体感就好像纸团与新纸的区别。

06 创新

过于常见的摆盘造型很难打动我们，比如把水果摆成桃心或笑脸形状。你可能注意了前面提到的所有原则，画面也不一定不美，但很难给人带来新鲜感，因为我们已经审美疲劳了。但有人会说：哪有那么多新花样可做呢？其实不一定要有翻天覆地的变化，只需动动脑，做一些细节上的改动，就会很不一样了。

下面给大家分享一个我的创新思考过程，这是关于"香蕉船"的创意摆盘。

STEP 01
香蕉本身的颜色虽然很好看，
但就这样摆在这里好像有点普通呀！
有什么方法可以让它看起来有趣一些呢？

STEP 02
用一半的香蕉皮作为容器，露出里面的香蕉肉，
这样看起来好像有些与众不同了！
但是白白的香蕉肉好像缺少一些变化。

STEP 03
把香蕉肉取出来切成片，再装回去，
这样可以增强视觉效果，而且还方便使用叉子来吃。
但好像并不是想象中的效果，那些纹理很不明显。

STEP 04
分别从几处取出几片香蕉，留出足够空间，
然后把剩余的香蕉片倾斜排开，
层次感马上就出来了！

STEP 05
本以为到上一步就结束了，但是，创意无止境嘛！
这么好的层次感，怎么能不加上点睛之笔呢？
香蕉和巧克力是绝配，那就淋上一条巧克力酱吧！

STEP 06
永无止境！香蕉片色彩单一，那我们就加入其他水果。
搭配草莓片，很像"圣诞节拐杖"吧？
只要是切成同样大小的片，什么食材都可以搭配进来。

07 细节

我在做设计的时候就会非常注意细节，也很相信"细节决定成败"。摆盘也是如此，如果我们在掌握了前面的那些技巧之后，还能把控好各种细节，就算是能力有限，别人也会感受到我们的用心。有时去一些高级的餐厅，虽然厨师水平很高，但有些菜品我们却能感觉到是赶时间做的，被糊弄了，就是因为他们没有用心把控好细节。

用花刀增加细节

给原本常见的食材加一些花刀，虽然口味上没有任何变化，但视觉上立刻让人眼前一亮。

如果只是给香菇随便划一个"十"字，那只能起到加快变熟的作用，但刻成有立体感的"十"字，就会让它变得更加"精彩"。

用水果刀给奇异果和煮蛋加一些凹凸起伏的纹理，而且煮蛋的纹理还是螺旋状的，这样的细节能让人觉得舒适。

一片普通的柠檬，中间切开却不切断，扭成一个"S"形来摆盘，不但可以让它变得生动，还有了立体感。

调味品来点睛

调味品不但可以使食物更加美味，还能让摆盘更出彩、更有层次，让我们食欲大增。

  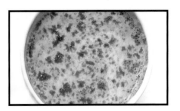

在沙拉上撒一些干酪碎和坚果碎，让原本简单无味的食物看起来更让人有食欲，当然吃起来也更美味。

嫩滑、金黄的炒蛋本身就很诱人，但颜色有些单一，加一些混合调味料，层次就丰富起来了。

抹茶用热牛奶冲调是均匀的绿色，但我会特意用冷牛奶冲调再加热，这样就会在表面呈现丰富的细节。

保持整洁

摆盘完成后，把餐盘边的食物碎屑或洒出来的酱汁和水滴擦去，干净整洁的摆盘让人看起来更舒服，就好像我们小时候考试时的"卷面分"。它虽然看起来不是重点，但也是我每次必做的步骤。

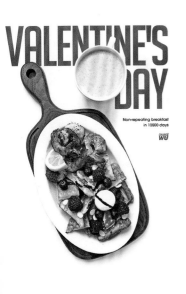

BREAKFAST NICEBODY

Non-repeating breakfast in 365 days a year

ALL FOR JOY

Non-repeating
BREAKFAST
in 10000 days

FOR

NON-REPEATING BREAKFAST IN 365 DAYS A YEAR

Non-repeating
Breakfast
in 10000 days

端午
DRAGON BOAT FESTIVAL

MID-AUTUMN
FESTIVAL 中秋

Non-repeating
Breakfast
in 10000 days

CHARGE WU

Non-repeating breakfast in 365 days a year

Non-repeating breakfast in 365 days a year

Non-repeating breakfast in 365 days a year

后记

早在 2015 年，就开始有出版社找我洽谈出书的事情了，当时我还会觉得很不可思议，虽然我很想出自己的书，但我才做早餐半年而已，真的可以写书了吗？我一直认为，一件事不做上三五年，根本没资格指导他人，更别提出书了。不过最后出版社的编辑还是说服了我，先着手准备总是没错的。但是谁曾想，这一写就真的写了将近五年……

有人会觉得这样一本书写五年也太久了吧，但其实这本书的所有内容都是由我亲自完成的，包括文字、图片、拍摄、修图、排版、封面设计等，当然这期间我也求助过各个领域的朋友，这毕竟是我第一次一个人做书，还是遇到了很多的困难。而且我又是一个追求完美的人，各个方面都想做到最好，很多页面的排版改了不下十次。虽然我很清楚最后的成品也会有很多不满意的地方，但至少这样的投入可以让我感觉对得起自己。

是的，我就是希望这是一本对得起自己的书，我希望在很多年后再次翻看这本书的时候，我可以说：嗯，虽然当时的自己有些幼稚，但至少挺用心的嘛。

这本书记录了我对于健康饮食所学到的一切，无论你是想减脂，还是想带给家人健康饮食，我都希望可以对你有所帮助。我现在还记得自己当时想要减肥，却找不到办法时的痛苦。书中还有我对于食物美的理解、好看的食器、精致的摆盘，如果你只是单纯地想做美美的食物，也希望你可以从中找到灵感。

我的早餐记录还将继续，现在的目标是 10000 天不间断，这是一个占据了大部分人生的计划，但它其实也很平常，我只是希望健康饮食可以真正地融入生活，每天好好吃饭。如果你也想与我一起记录每天的健康早餐，可以来微博找我哦！（我的微博账号：ChargeWu ）

最后感谢在我写书时帮助过我的各位：
感谢**万真**和**韩笑**在初期内容方面给我提供的帮助；
感谢**申娜**在排版方面给我提供的帮助；
感谢**张媛媛**在文字方面给我提供的帮助；
以及一直催促我出书的各位朋友。